ゼロからはじめる

NTT docomo

AQUOS《アクオス》 sense4《センスフォー》

ドコモ AQUOS sense4 SH-41A スマートガイド

技術評論社編集部 著

技術評論社

CONTENTS

Chapter 1
AQUOS sense4 SH-41A のキホン

Chapter 2
電話機能を使う

Chapter 3
インターネットとメールを利用する

Chapter 4
Google のサービスを使いこなす

CONTENTS

Chapter 7

SH-41Aを使いこなす

ご注意：ご購入・ご利用の前に必ずお読みください

●本書に記載した内容は、情報の提供のみを目的としています。したがって、本書を用いた運用は、必ずお客様自身の責任と判断によって行ってください。これらの情報の運用の結果について、技術評論社および著者、アプリの開発者はいかなる責任も負いません。

●ソフトウェアに関する記述は、特に断りのない限り、2021年1月現在での最新バージョンをもとにしています。ソフトウェアはバージョンアップされる場合があり、本書での説明とは機能内容や画面図などが異なってしまうこともあり得ます。あらかじめご了承ください。

●本書は以下の環境で動作を確認しています。ご利用時には、一部内容が異なることがあります。あらかじめご了承ください。
端末 ： AQUOS sense4 SH-41A（Android 10）
パソコンのOS ： Windows 10

●インターネットの情報については、URLや画面などが変更されている可能性があります。ご注意ください。

以上の注意事項をご承諾いただいたうえで、本書をご利用願います。これらの注意事項をお読みいただかずに、お問い合わせいただいても、技術評論社は対処しかねます。あらかじめ、ご承知おきください。

Chapter 1

AQUOS sense4 SH-41Aのキホン

Section 01

AQUOS sense4 SH-41Aについて

AQUOS sense4 SH-41Aは、ドコモから発売されたシャープ製のスマートフォンです。Googleが提供するスマートフォン向けOS「Android」を搭載しています。

SH-41Aの各部名称を覚える

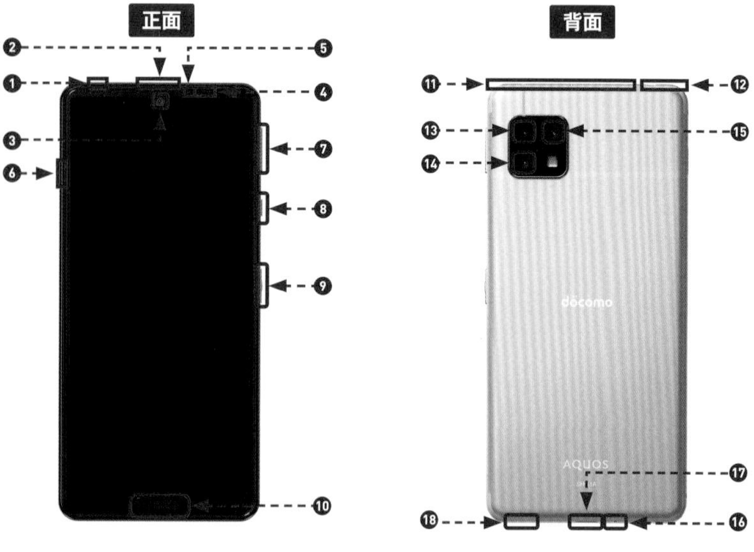

❶	イヤホンマイク端子	❿	指紋センサー
❷	受話口	⓫	LTE ／ FOMA ／ GPSアンテナ
❸	インカメラ	⓬	Bluetooth ／ Wi-Fiアンテナ
❹	近接センサー／明るさセンサー	⓭	望遠カメラ
❺	着信／充電ランプ	⓮	標準カメラ
❻	ドコモnanoUIMカード／microSDカードトレイ	⓯	広角カメラ
❼	音量UP ／ DOWNキー	⓰	送話口／マイク
❽	アシスタントキー	⓱	USB Type-C接続端子
❾	電源キー	⓲	スピーカー

SH-41Aの特徴

AQUOS sense4 SH-41Aは、高速通信に対応したAndroid 10搭載のスマートフォンです。従来の携帯電話のように、通話やメール、インターネットなどを利用できるだけでなく、ドコモやGoogleが提供する各種サービスとの強力な連携機能を備えています。なお、本書では同端末をSH-41Aと型番で表記します。

●標準、広角、望遠のトリプルカメラ

標準、広角、望遠のトリプルカメラを搭載しています。被写体やシーンを自動的に判別し、色合いが自動補正されるので、誰でもかんたんにきれいな写真を撮ることができます。広角カメラでは臨場感のある写真を、望遠カメラでは2倍の光学ズームと16倍のデジタルズームによる写真を撮影することができます。

●大容量バッテリー

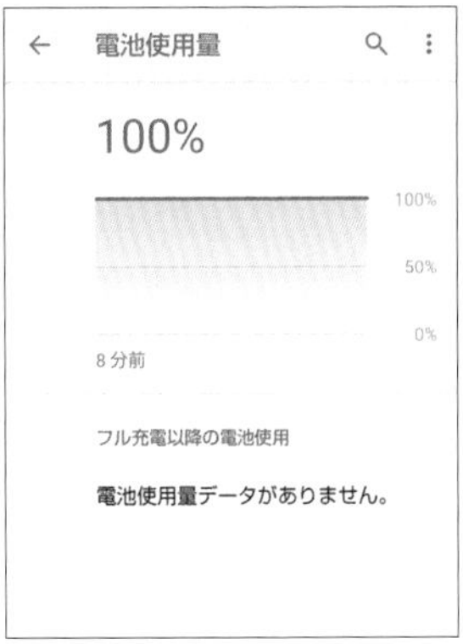

4,570mAhの大容量バッテリーを搭載していて、1日1時間の利用で、1週間の電池持ちを実現しています。

●アシスタントキー

Googleアシスタント（Sec.34参照）をすぐに起動できる、アシスタントキーが用意されています。アシスタントキーで起動するアプリを「my daiz」や「エモパー」にすることもできます（Sec.65参照）。

Section 02

電源のオン／オフとロックの解除

電源の状態には、オン、オフ、スリープモードの3種類があります。3つのモードは、すべて電源キーで切り替えが可能です。一定時間操作しないと、自動でスリープモードに移行します。

ロックを解除する

① スリープモードで電源キーまたは指紋センサーを押します。

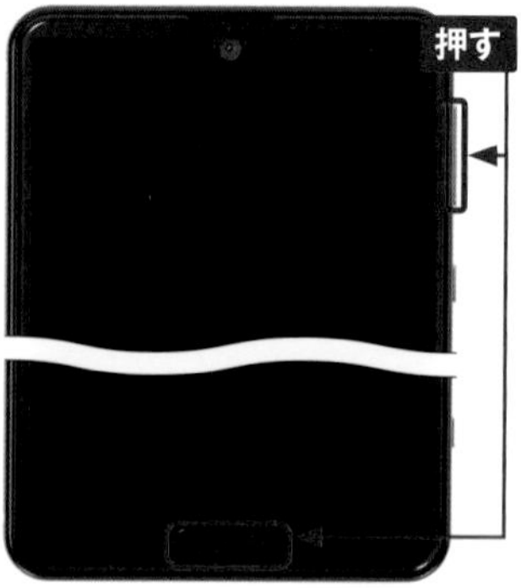

② ロック画面が表示されるので、画面をスライドします。

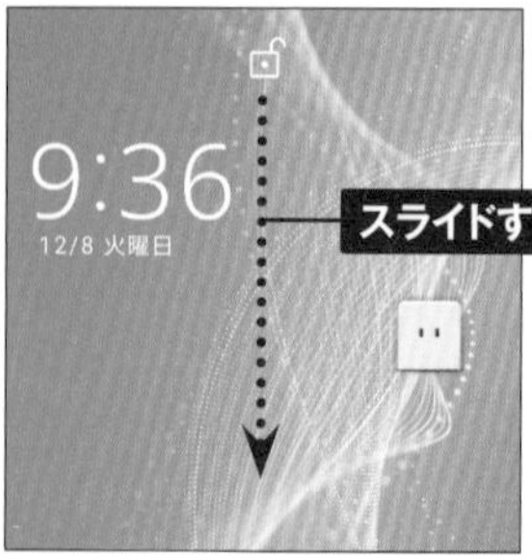

③ ロックが解除され、ホーム画面が表示されます。再度、電源キーを押すと、スリープモードになります。

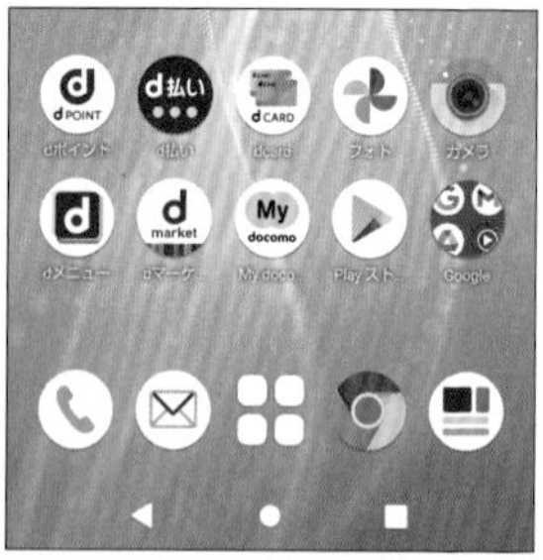

MEMO　スリープモードとは

スリープモードは画面の表示を消す機能です。本体の電源は入ったままなので、すぐに再開できます。ただし、通信などを行っているため、その分バッテリーを消費してしまいます。電源を完全に切り、バッテリーをほとんど消費しなくなる電源オフの状態と使い分けましょう。

電源を切る

① 電源キーを長押しします。「Google Pay」アプリが起動しますが（Sec.64参照）、そのまま押し続けるとメニューが表示されます。

② ＜電源を切る＞をタッチすると、電源がオフになります。

③ 電源をオンにするには、電源キーを3秒以上押します。

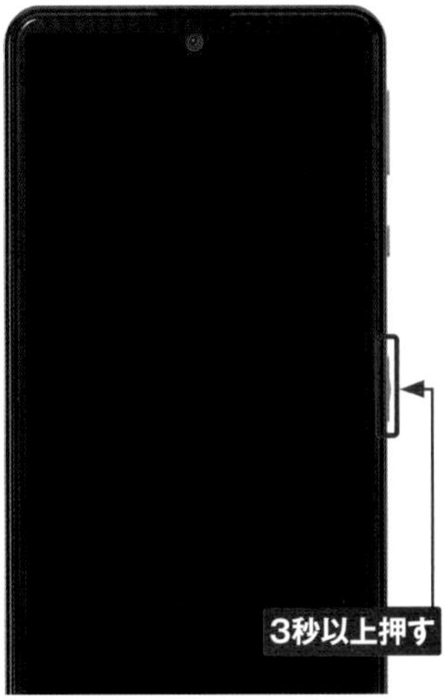

MEMO **ロック画面からのカメラの起動**

ロック画面からカメラを起動するには、ロック画面で を画面中央にドラッグします。

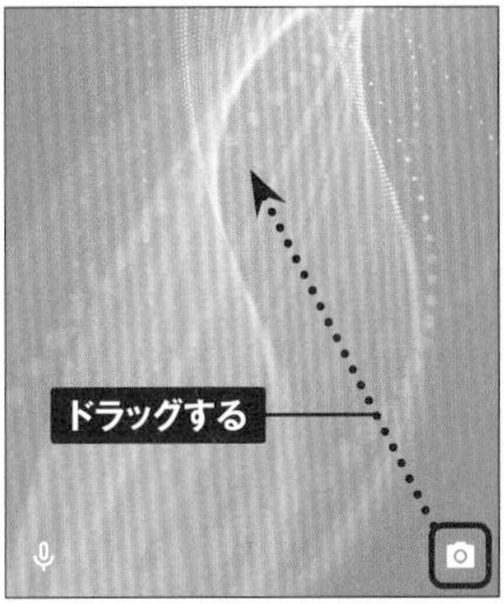

Section 03

SH-41Aの基本操作を覚える

SH-41Aのディスプレイはタッチパネルです。指でディスプレイをタッチすることで、いろいろな操作が行えます。また、本体下部のナビゲーションバーにあるキーの使い方も覚えましょう。

ナビゲーションバーのキーの操作

MEMO ナビゲーションバーのキーとメニューキー

本体下部のナビゲーションバーには、3つのキーがあります。キーは、基本的にすべてのアプリで共通する操作が行えます。また、一部の画面ではナビゲーションバーの右側か画面右上にメニューキー⋮が表示されます。メニューキーをタッチすると、アプリごとに固有のメニューが表示されます。

ナビゲーションバーのキーとそのおもな機能		
◀	戻るキー	1つ前の画面に戻ります。
●	ホームキー	ホーム画面が表示されます。一番左のホーム画面以外を表示している場合は、一番左の画面に戻ります。ロングタッチでGoogleアシスタント（Sec.34参照）が起動します。
■	履歴キー	最近操作したアプリが表示されます（P.21参照）。

タッチパネルの操作

タッチ

タッチパネルに軽く触れてすぐに指を離すことを「タッチ」といいます。

ロングタッチ

アイコンやメニューなどに長く触れた状態を保つことを「ロングタッチ」といいます。

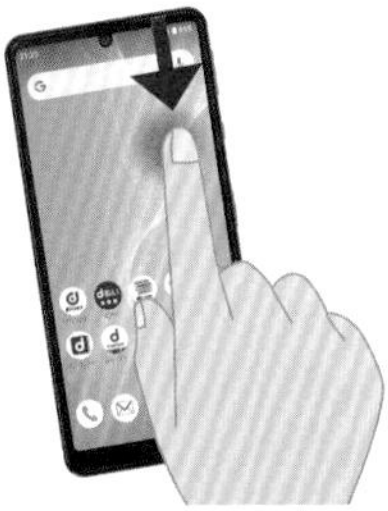

ピンチアウト／ピンチイン

2本の指をタッチパネルに触れたまま指を開くことを「ピンチアウト」、閉じることを「ピンチイン」といいます。

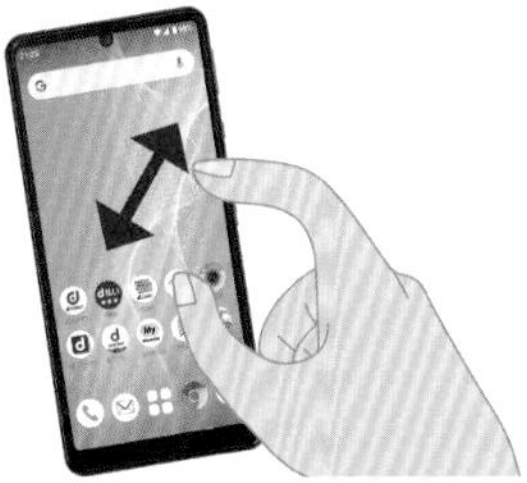

スライド（スワイプ）

画面内に表示しきれない場合など、タッチパネルに軽く触れたまま特定の方向へなぞることを「スライド」または「スワイプ」といいます。

フリック

タッチパネル上を指ではらうように操作することを「フリック」といいます。

ドラッグ

アイコンやバーに触れたまま、特定の位置までなぞって指を離すことを「ドラッグ」といいます。

Section 04

OS・Hardware

ホーム画面の使い方

タッチパネルの基本的な操作方法を理解したら、ホーム画面の見方や使い方を覚えましょう。本書ではホームアプリを「docomo LIVE UX」に設定した状態で解説を行っています。

1

ホーム画面の見方

12:34
100%
ステータスバー
お知らせアイコンやステータスアイコンが表示されます（P.16 ～ 17参照）。
クイック検索ボックス
タッチすると、検索画面やトピックが表示されます。黒く表示されている場合は「ダークテーマ」（Sec.68参照）がオンになっています。
dポイント
d払い
dcard
フォト
カメラ
dメニュー
dマーケ...
My doco...
Play スト...
Google
アプリ一覧ボタン
タッチすると、インストールしているすべてのアプリのアイコンが表示されます（P.20参照）。
アプリアイコンとフォルダ
タッチするとアプリが起動したり、フォルダの内容が表示されます。
ドック
タッチすると、アプリが起動します。なお、この場所に表示されているアイコンは、どのホーム画面にも表示されます。

ホーム画面を左右に切り替える

1 ホーム画面は、左右に切り替えることができます。ホーム画面を左方向にフリックします。

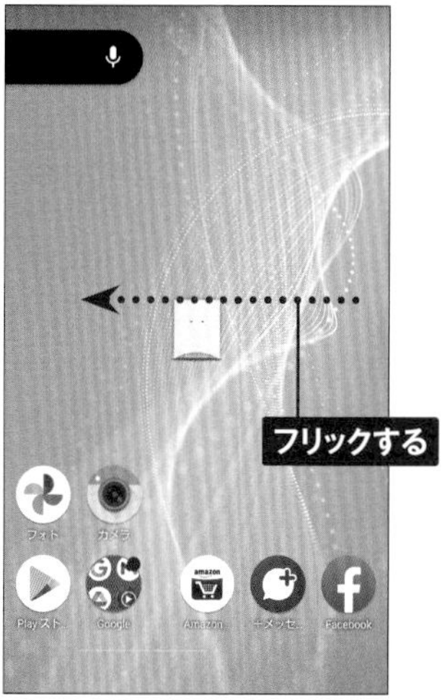

2 ホーム画面が、1つ右の画面に切り替わります。

3 ホーム画面を右方向にフリックすると、もとの画面に戻ります。

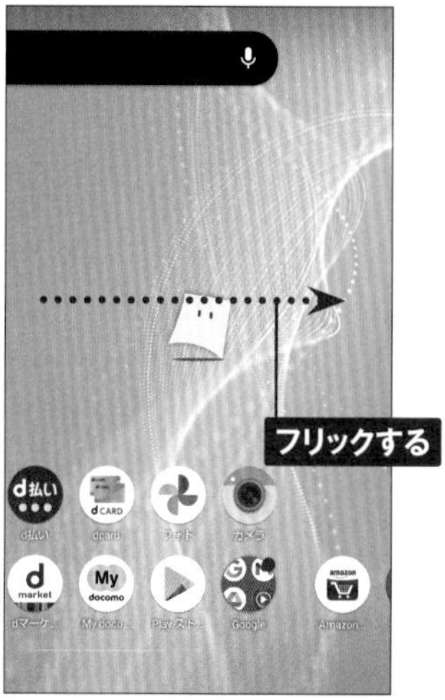

MEMO

マイマガジンやmy daizの表示

ホーム画面を上方向にフリックすると、「マイマガジン」(Sec.52参照)が表示され、手順①の画面でホーム画面を右方向にフリックすると「my daiz」(Sec.48参照)が表示されます。

Section 05

情報を確認する

画面上部に表示されるステータスバーから、さまざまな情報を確認することができます。ここでは、通知される表示の確認方法や、通知を削除する方法を紹介します。

1

ステータスバーの見方

お知らせアイコン

不在着信や新着メール、実行中の作業などを通知するアイコンです。

ステータスアイコン

電波状態やバッテリー残量など、主にSH-41Aの状態を表すアイコンです。

お知らせアイコン	
	新着ドコモメールあり
	不在着信あり
	伝言メモあり
	アップデート通知あり
	データを受信／ダウンロード
	インストール完了

ステータスアイコン	
	マナーモード（ミュート）設定中
	マナーモード（バイブレーション）設定中
	Wi-Fi接続中
	電波の状態
	バッテリー残量
	Bluetooth接続中

通知を確認する

1 メールや電話の通知、SH-41Aの状態を確認したいときは、ステータスバーを下方向にドラッグします。

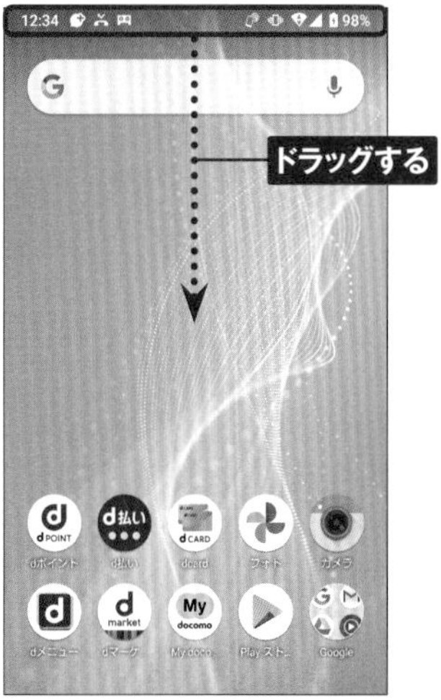

2 ステータスパネルが表示されます。各項目の中から不在着信やメッセージの通知をタッチすると、対応するアプリが起動します。ここでは<すべて消去>をタッチします。

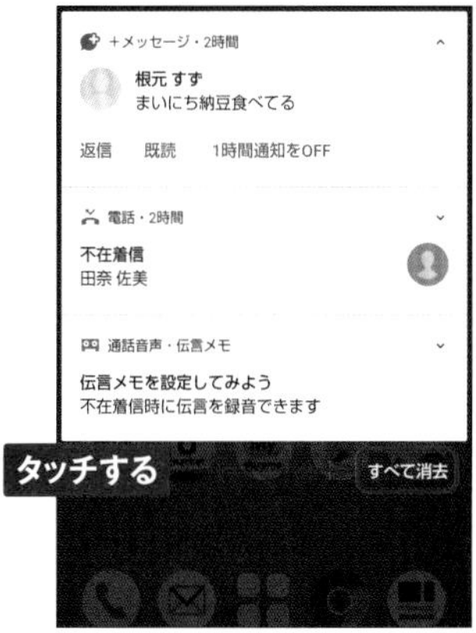

3 ステータスパネルが閉じ、お知らせアイコンの表示も消えます（削除されないお知らせアイコンもあります）。なお、ステータスパネルを上方向にスライドするか、くをタッチすることでも、ステータスパネルが閉じます。

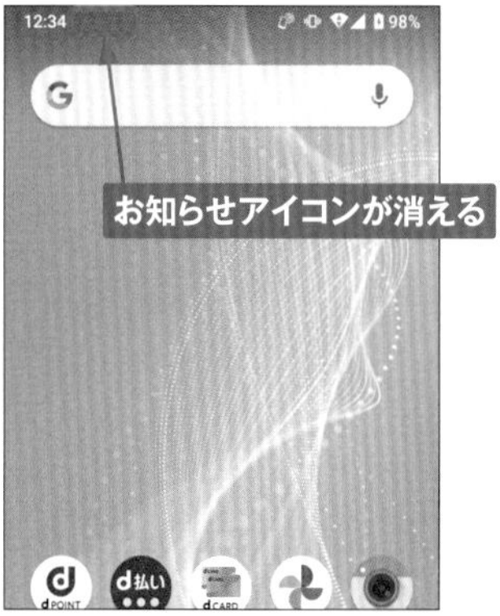

MEMO **ロック画面での通知表示**

スリープモード時に通知が届いた場合、ロック画面に通知内容が表示されます。ロック画面に通知を表示させたくない場合は、P.159のMEMOを参照してください。

Section 06

ステータスパネルを利用する

ステータスパネルは、主な機能をかんたんに切り替えられるほか、状態もひと目でわかるようになっています。ステータスパネルが黒く表示されている場合は、ダークテーマ（Sec.68参照）がオンになっています。

1

ステータスパネルを展開する

① ステータスバーを下方向にドラッグすると、ステータスパネルと機能ボタンが表示されます。機能ボタンをタッチすると、オン／オフを切り替えることができます。

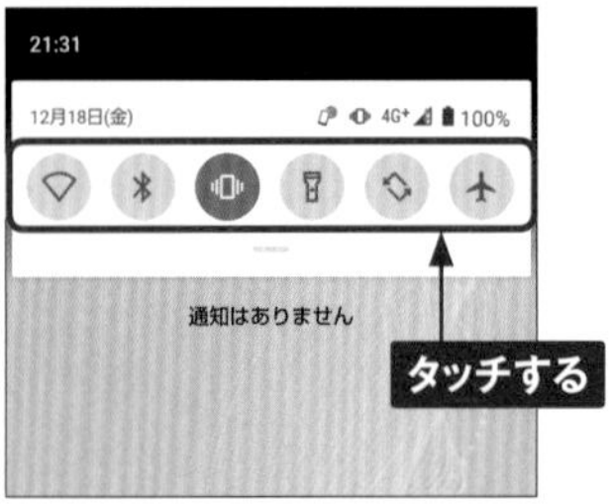

② 機能ボタンが表示された状態で、さらに下方向にドラッグすると、ステータスパネルが展開されます。

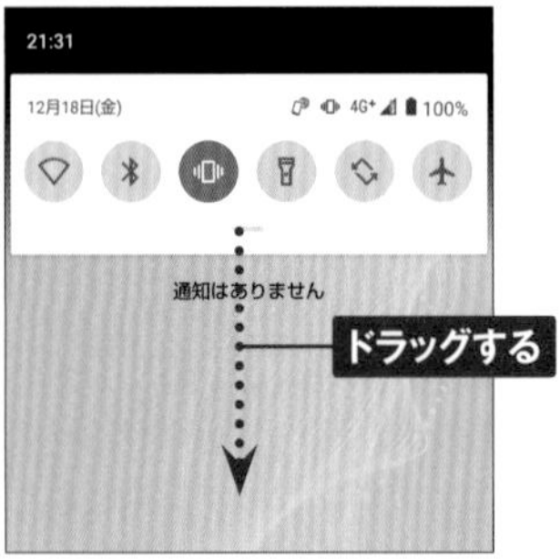

③ ステータスパネルの画面を左方向にフリックすると、次のパネルに切り替わります。

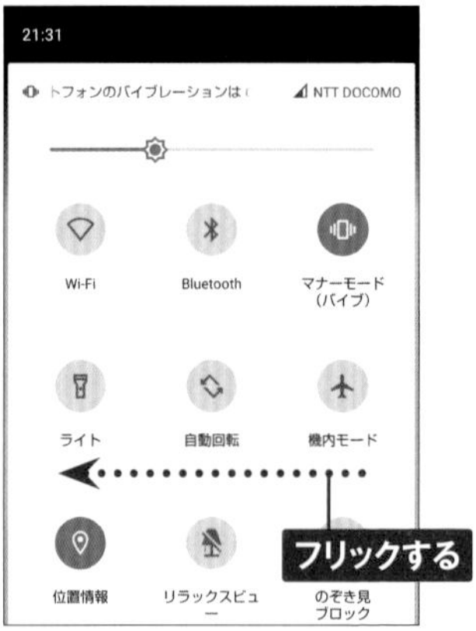

MEMO そのほかの表示方法

ステータスバーを2本指で下方向にドラッグして、ステータスパネルを展開することもできます。ステータスパネルを非表示にするには、上方向にドラッグするか、＜をタッチします。

ステータスパネルの機能ボタン

タッチで機能ボタンのオン／オフを切り替えられるだけでなく、機能ボタンによっては、ロングタッチすると詳細な設定が表示されるものもあります。

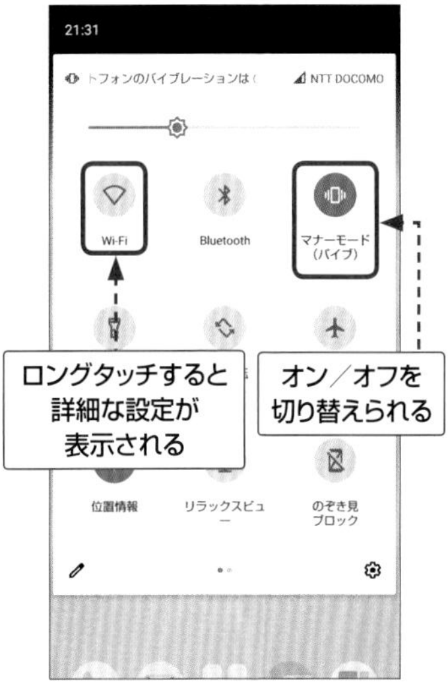

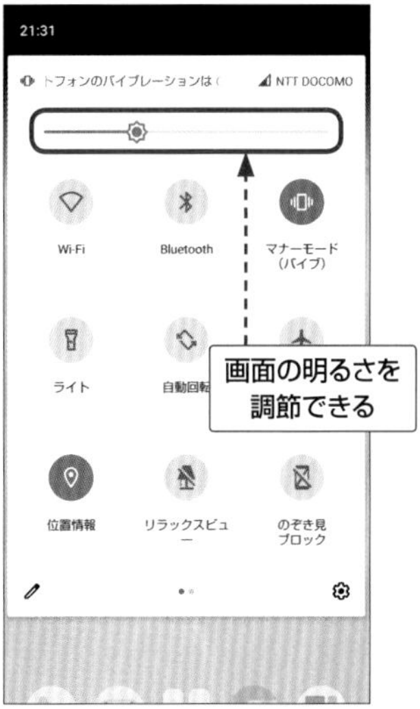

機能ボタン	オンにしたときの動作
Wi-Fi	Wi-Fi（無線LAN）をオンにし、アクセスポイントを表示します（Sec.71参照）。
Bluetooth	Bluetoothをオンにします（Sec.73参照）。
マナーモード	マナーモードを切り替えます（P.63参照）。
ライト	SH-41Aの背面のライトを点灯します。
自動回転	SH-41Aを横向きにすると、画面も横向きに表示されます。
機内モード	すべての通信をオフにします。
位置情報	位置情報をオンにします。
リラックスビュー	目の疲れない暗めの画面になります（Sec.63参照）。
のぞき見ブロック	周囲の人から画面が見にくくなります。
アクセスポイント	Wi-Fiテザリングをオンにします（Sec.72参照）。
NFC／おサイフケータイ	NFCをオンにします（P.187参照）。
長エネスイッチ	バッテリーの消費を抑えます（P.180参照）。
同期	Googleサービスの自動同期を有効にします（P.35参照）。
画面のキャスト	対応ディスプレイやパソコンにWi-Fiで画面を表示します。

アプリを利用する

アプリ画面には、さまざまなアプリのアイコンが表示されています。それぞれのアイコンをタッチするとアプリが起動します。ここでは、アプリの終了方法や切り替え方もあわせて覚えましょう。

アプリを起動する

1 ホーム画面のアプリ一覧ボタンをタッチします。

2 アプリ一覧画面が表示されるので、画面を上下にスライドし、任意のアプリを探してタッチします。ここでは、<設定>をタッチします。

3 設定メニューが起動します。アプリの起動中に◀をタッチすると、1つ前の画面（ここではアプリ一覧画面）に戻ります。

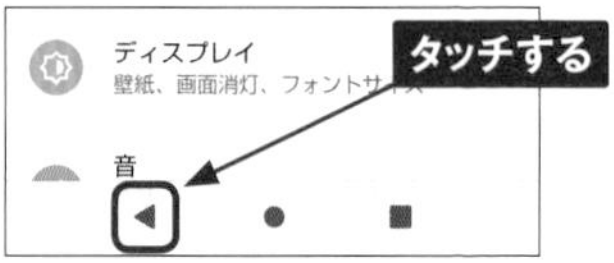

MEMO アプリのアクセス許可

アプリの初回起動時に、アクセス許可を求める画面が表示されることがあります。その際は<許可>をタッチして進みます。許可しない場合、アプリが正しく機能しないことがあります（対処法はSec.66参照）。

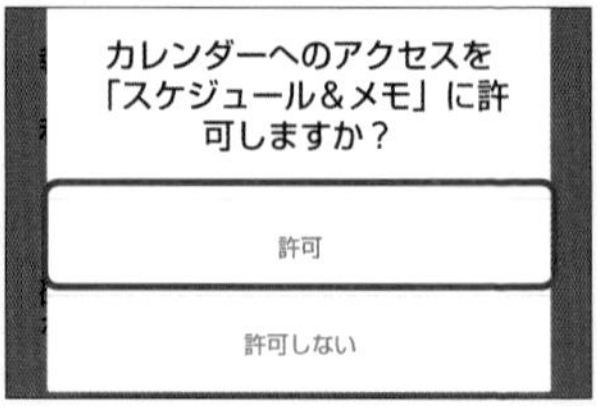

アプリを終了する

1 アプリの起動中やホーム画面で履歴キーをタッチします。

2 最近使用したアプリが一覧表示されるので、終了したいアプリを上方向にフリックします。

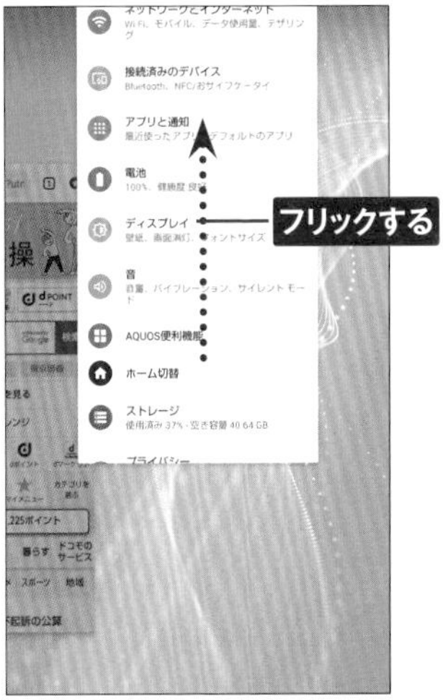

3 フリックしたアプリが終了します。すべてのアプリを終了したい場合は、右方向にフリックし、＜すべてクリア＞をタッチします。

MEMO アプリの切り替え

手順②の画面でアプリをタッチすると、画面がそのアプリに切り替わります。

ウィジェットを利用する

SH-41Aのホーム画面にはウィジェットが表示されています。ウィジェットを使うことで、情報の確認やアプリへのアクセスをホーム画面上からかんたんに行うことができます。

ウィジェットとは

ウィジェットは、ホーム画面で動作する簡易的なアプリのことです。さまざまな情報を自動的に表示したり、タッチすることでアプリにアクセスしたりできます。SH-41Aに標準でインストールされているウィジェットは40種類以上あり、Google Play（Sec.35参照）でダウンロードするとさらに多くの種類のウィジェットを利用できます。また、ウィジェットを組み合わせることで、自分好みのホーム画面の作成が可能です。

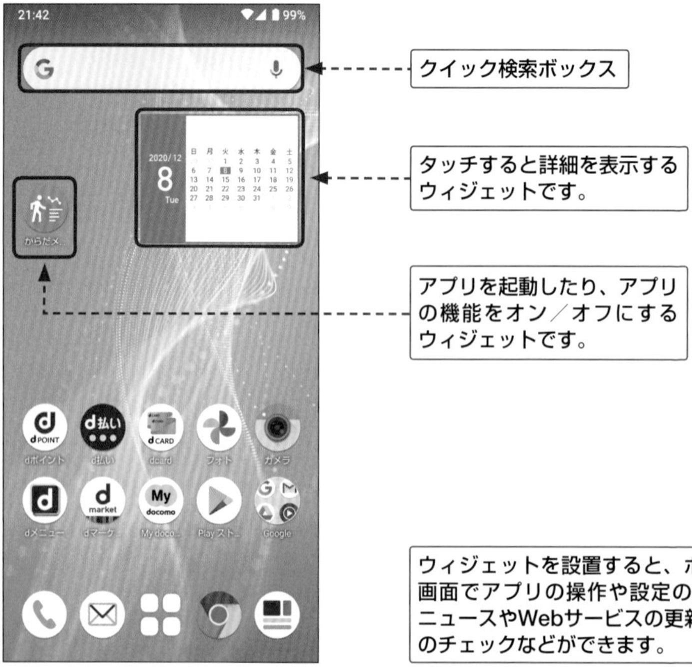

ウィジェットを設置すると、ホーム画面でアプリの操作や設定の変更、ニュースやWebサービスの更新情報のチェックなどができます。

ウィジェットを追加する

1 ホーム画面の何もない箇所をロングタッチし、＜ウィジェット＞をタッチします。

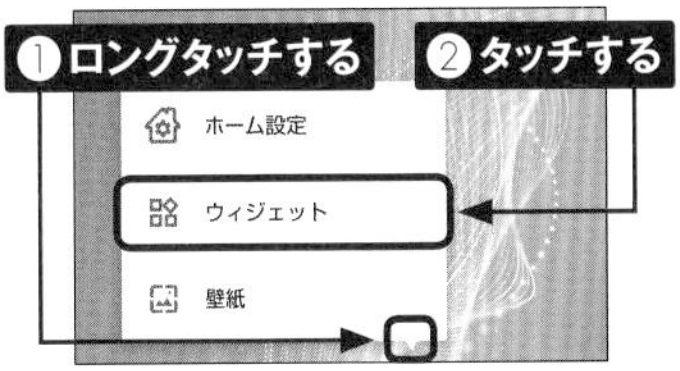

2 画面を上下にスライドして、追加したいウィジェットをロングタッチします。

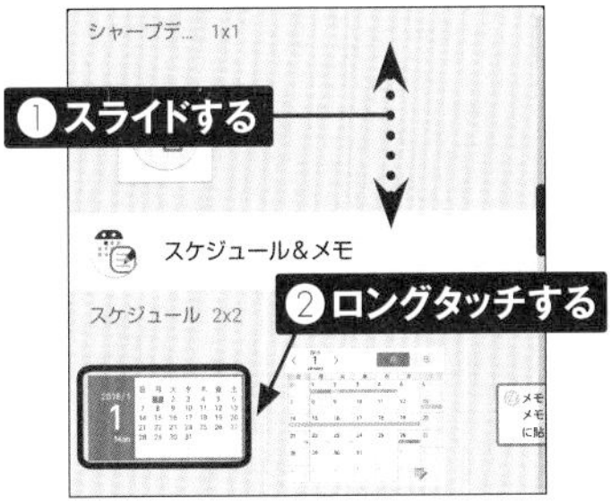

3 そのまま、ホーム画面の好きな位置にドラッグします。

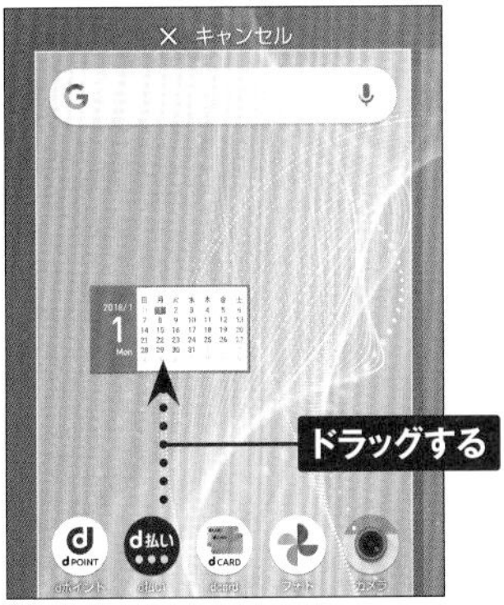

4 ウィジェットが追加されます。

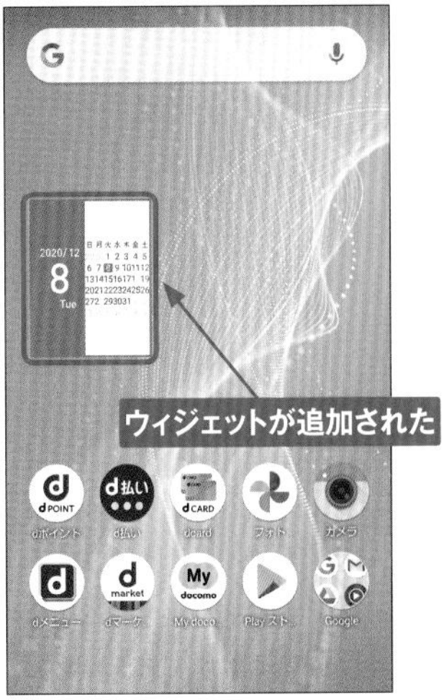

5 ウィジェットの中には、ロングタッチして大きさを変更できるものもあります。

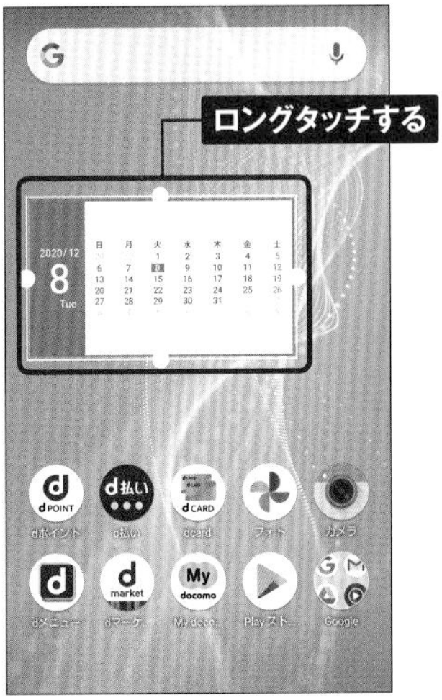

1

文字を入力する

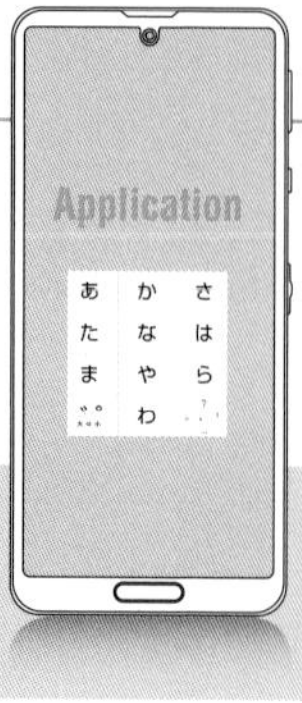

SH-41Aでは、ソフトウェアキーボードで文字を入力します。「テンキーボード」（一般的な携帯電話の入力方法）や「QWERTYキーボード」などを切り替えて使用できます。

SH-41Aの文字入力方法

テンキーボード

かな入力

QWERTYキーボード

ローマ字入力

Google音声入力

音声入力

MEMO　3種類の入力方法

SH-41Aには、携帯電話で一般的な「テンキーボード」、パソコンと同じ「QWERTYキーボード」のほか、「Google音声入力」の3種類の入力方法があります。なお、本書では音声入力は解説しません。

キーボードの種類を切り替える

1 文字入力が可能な画面にすると、キーボードが表示されます（画面ではテンキーボード）。⚙をタッチします。

2 <言語>をタッチします。

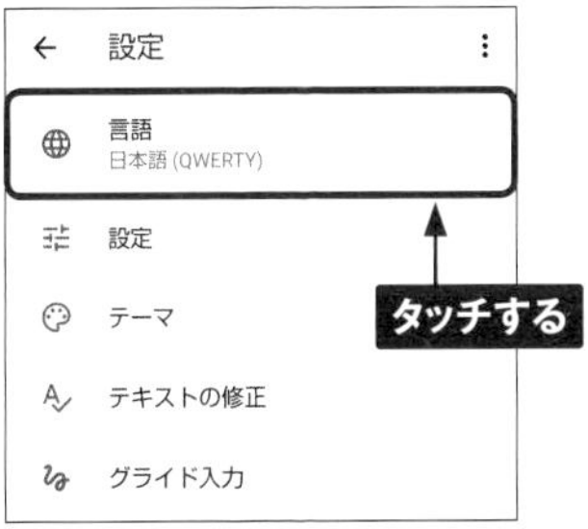

3 <日本語>をタッチします。

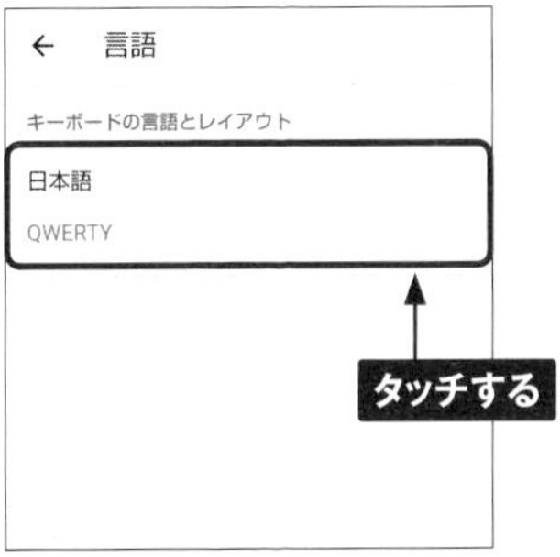

4 <QWERTY>をタッチしてチェックを付け、<12キー>をタッチしてチェックを外します。<完了>をタッチします。

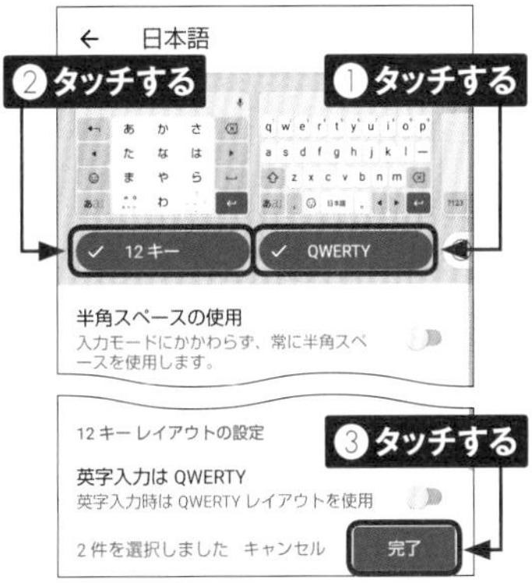

5 画面左上の←を2回タッチします。

6 キーボードが変更されています（画面ではQWERTYキーボード）。

テンキーボードで文字を入力する

●トグル入力を行う

1 テンキーボードは、一般的な携帯電話と同じ要領で入力が可能です。たとえば、あを5回→かを1回→さを2回タッチすると、「おかし」と入力されます。

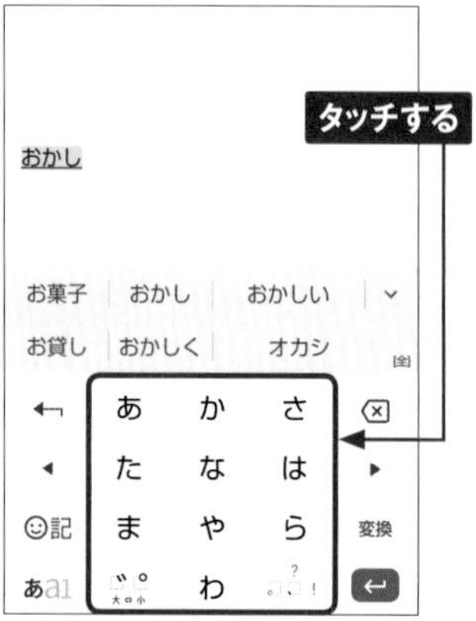

2 変換候補から選んでタッチすると、変換が確定します。手順①で⌄をタッチして、変換候補の欄をスライドすると、さらにたくさんの候補を表示できます。

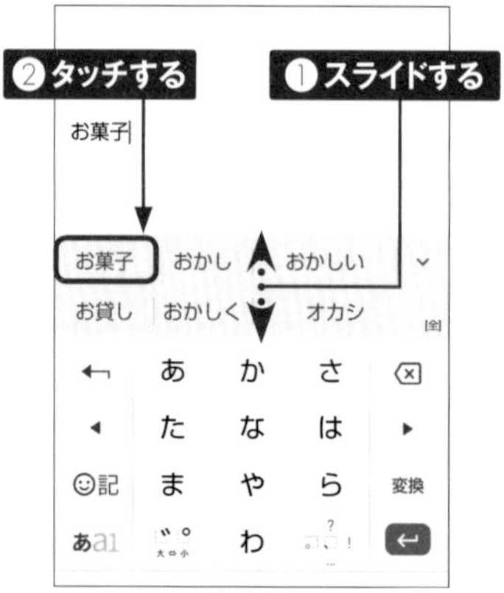

●フリック入力を行う

1 テンキーボードでは、キーを上下左右にフリックすることでも文字を入力できます。キーをタッチするとガイドが表示されるので、入力したい文字の方向へフリックします。

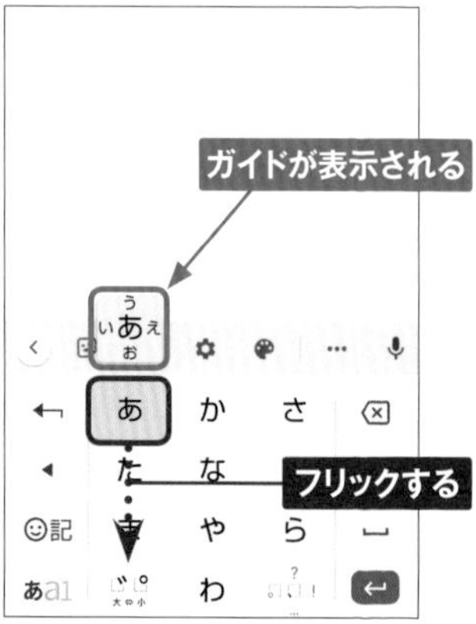

2 フリックした方向の文字が入力されます。ここでは、あを下方向にフリックしたので、「お」が入力されました。

QWERTYキーボードで文字を入力する

1 QWERTYキーボードでは、パソコンのローマ字入力と同じ要領で入力が可能です。たとえば、gijyuとタッチすると、変換候補が表示されます。候補の中から変換したい単語をタッチすると、変換が確定します。

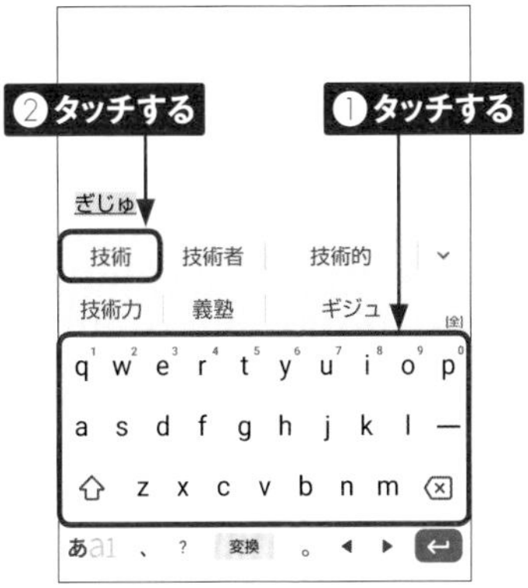

2 文字を入力し、<変換>をタッチしても文字が変換されます。

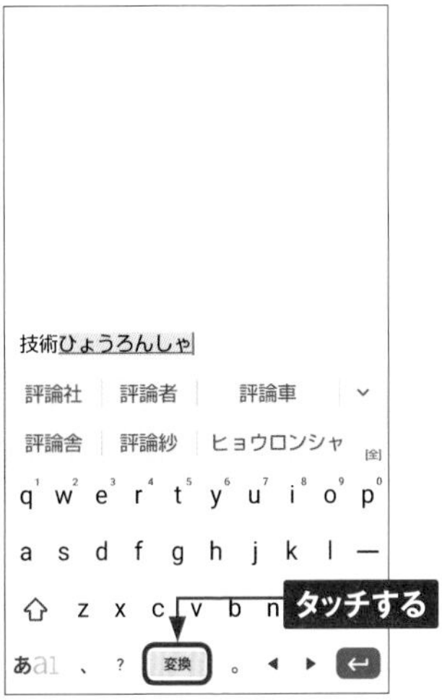

3 希望の変換候補にならない場合は、◀／▶をタッチして範囲を調節します。

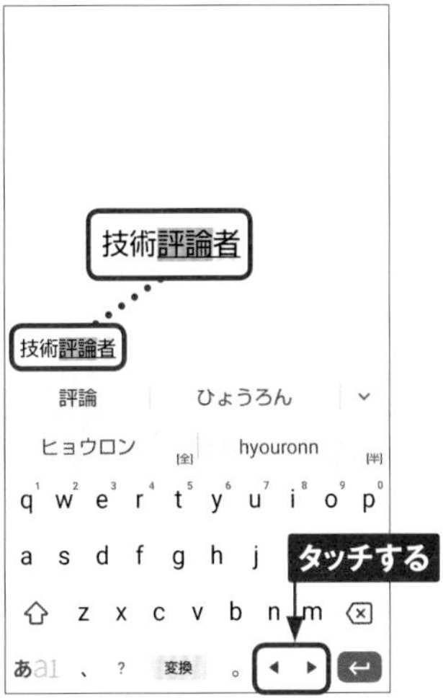

4 ⏎をタッチすると、ハイライト表示の文字部分の変換が確定します。

1

文字種を変更する

1 あa1をタッチするごとに、「ひらがな漢字」→「英字」→「数字」の順に文字種が切り替わります。あのときには、日本語を入力できます。

2 aのときには、半角英字を入力できます。

3 a⇔Aをタッチすると大文字の英字を入力できます。あa1をタッチします。

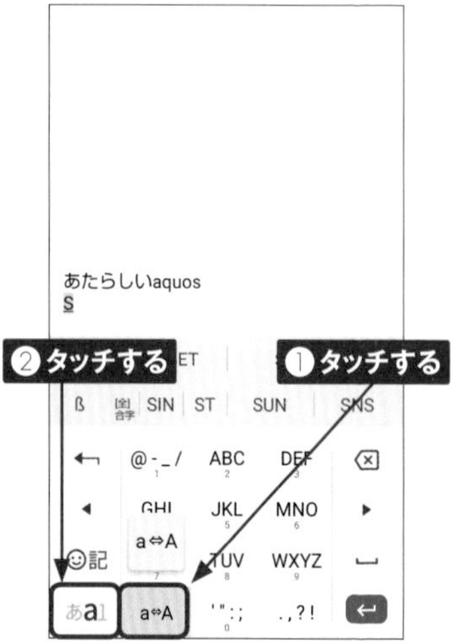

4 1のときには、半角数字を入力できます。再度あa1をタッチすると、日本語入力に戻ります。

絵文字や顔文字、記号を入力する

① 絵文字や記号、顔文字を入力したい場合は、☺記→☺をタッチします。

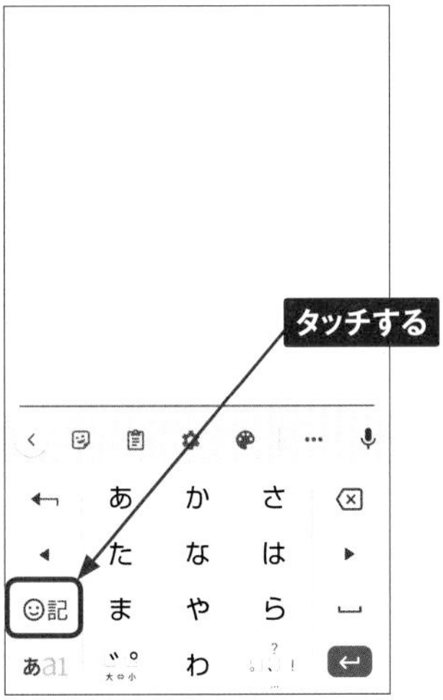

② 「絵文字」の表示欄を上下にスライドし、目的の絵文字をタッチすると入力できます。:-)をタッチします。

③ 顔文字を入力できます。あとは手順②と同様の方法で入力できます。☆をタッチします。

④ 「記号」を入力できます。あいうをタッチします。

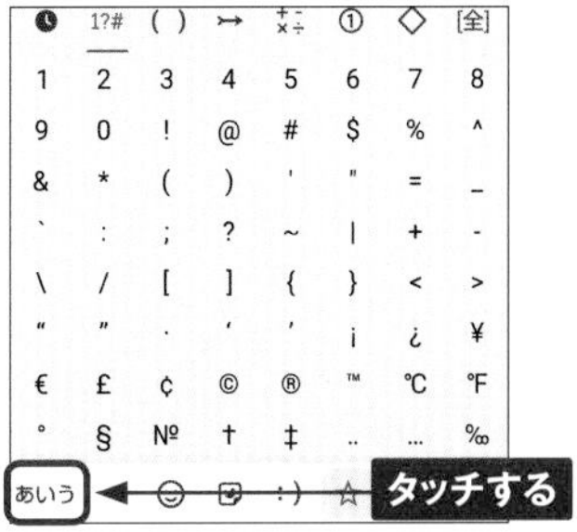

⑤ 通常の文字入力画面に戻ります。

Section 10

テキストを コピー&ペーストする

SH-41Aは、パソコンと同じように自由にテキストをコピー&ペーストできます。コピーしたテキストは、別のアプリにペースト（貼り付け）して利用することもできます。

1

テキストをコピーする

① コピーしたいテキストをロングタッチします。

② テキストが選択されます。●と●を左右にドラッグして、コピーする範囲を調整します。

③ ＜コピー＞をタッチします。

④ テキストがコピーされました。

テキストをペーストする

① 入力欄で、テキストをペースト（貼り付け）したい位置をロングタッチします。

② ＜貼り付け＞をタッチします。

③ コピーしたテキストがペーストされます。

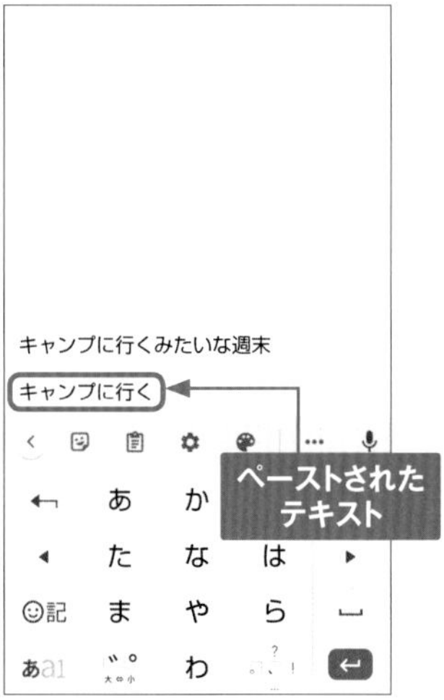

MEMO クリップボードからコピーする

コピーしたテキストはクリップボードに保存されます。手順③の画面で 📋 をタッチすると、クリップボードから以前にコピーしたテキストを選んでペースト（貼り付け）することができます。

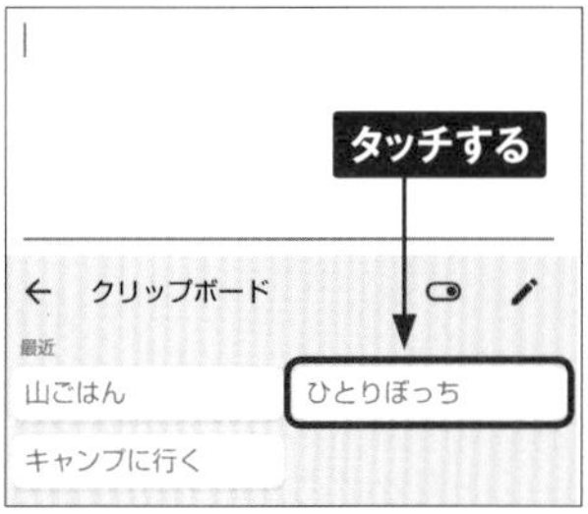

Googleアカウントを設定する

Googleアカウントを設定すると、Googleが提供するサービスが利用できます。ここではGoogleアカウントを作成して設定します。すでに作成済みのGoogleアカウントを設定することもできます。

Googleアカウントを設定する

① ステータスパネルを表示して（P.19参照）、右下の⚙をタッチします。

② 設定メニューが開くので、画面を上方向にスライドして、<アカウント>をタッチします。

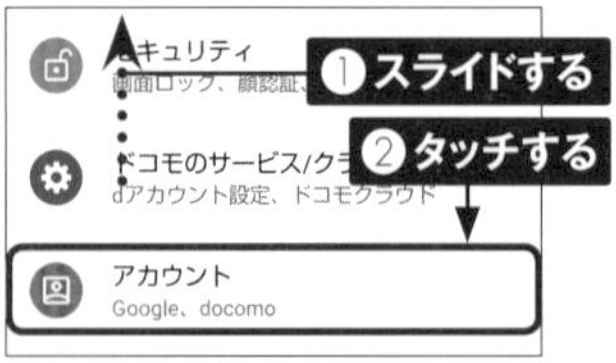

③ <アカウントを追加>をタッチします。

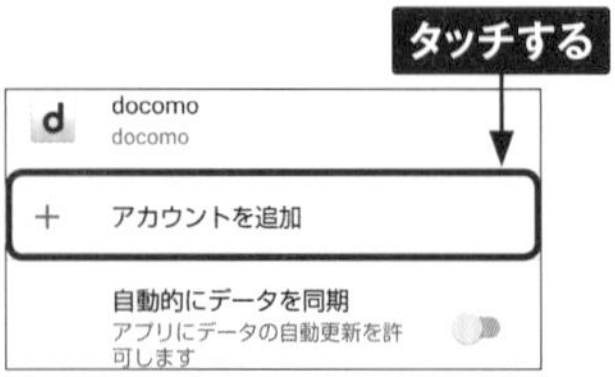

④ 「アカウントの追加」画面が表示されるので、<Google>をタッチします。

MEMO Googleアカウントとは

Googleアカウントを作成すると、Googleが提供する各種サービスへログインすることができます。アカウントの作成に必要なのは、メールアドレスとパスワードの登録だけです。SH-41AにGoogleアカウントを設定しておけば、Gmailなどのサービスがかんたんに利用できます。

5 <アカウントを作成>→<自分用>の順にタッチします。すでに作成したアカウントを使うには、アカウントのメールアドレスまたは電話番号を入力します（右下のMEMO参照）。

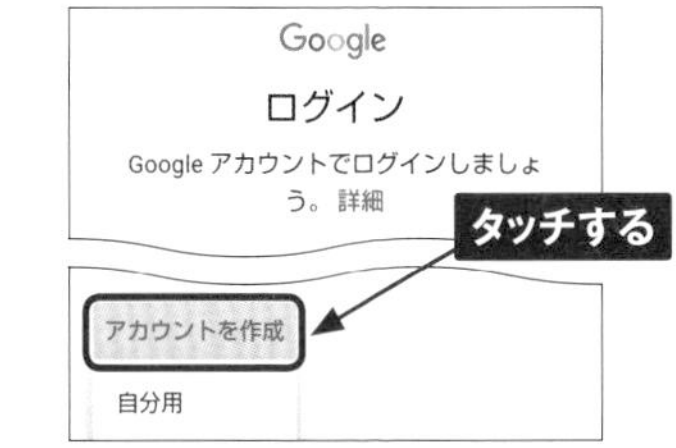

6 上の欄に「姓」、下の欄に「名」を入力し、<次へ>をタッチします。

7 生年月日と性別をタッチして設定し、<次へ>をタッチします。

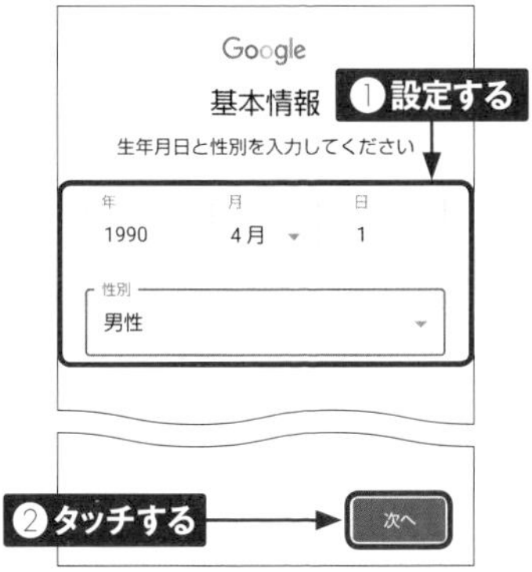

8 <自分でGmailアドレスを作成>をタッチして、希望するメールアドレスを入力し、<次へ>をタッチします。

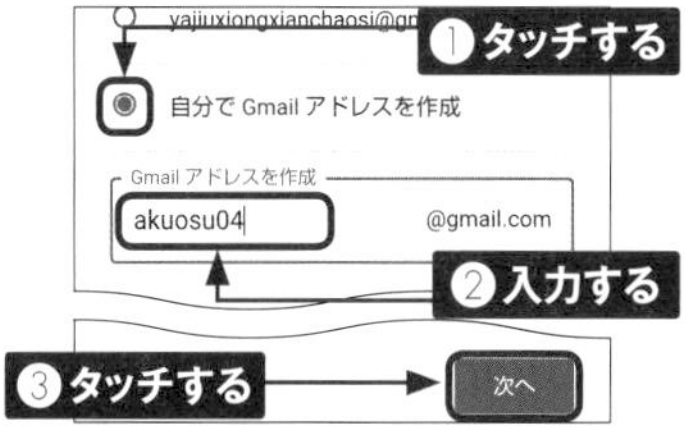

9 同じパスワードを2回入力し、<次へ>をタッチします。

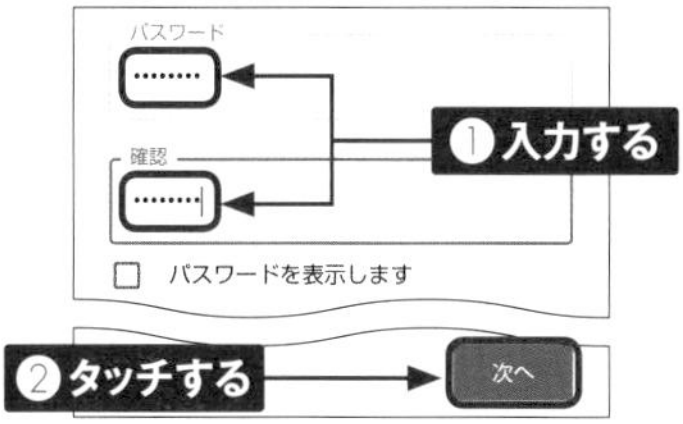

MEMO 既存のアカウントの利用

作成済みのGoogleアカウントがある場合は、手順⑤の画面でメールアドレスまたは電話番号を入力して、<次へ>をタッチします。次の画面でパスワードを入力すると、「ようこそ」画面が表示されるので、<同意する>をタッチし、P.35手順⑭以降の解説に従って設定します。

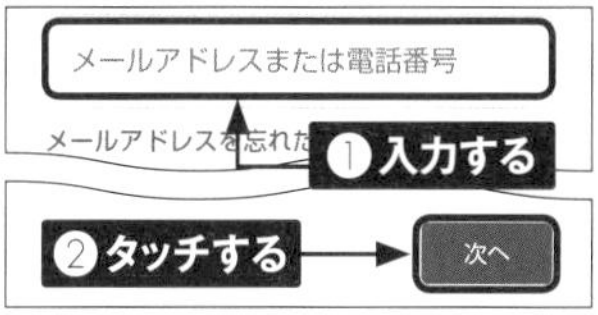

10 パスワードを忘れた場合のアカウント復旧に使用するために、電話番号を登録します。画面を上方向にスライドします。

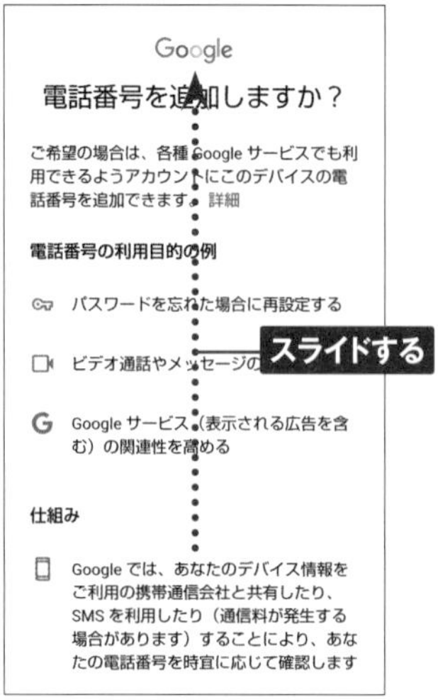
Google
電話番号を追加しますか？
ご希望の場合は、各種 Google サービスでも利用できるようアカウントにこのデバイスの電話番号を追加できます。 詳細
電話番号の利用目的の例
パスワードを忘れた場合に再設定する
ビデオ通話やメッセージの
Google サービス（表示される広告を含む）の関連性を高める
仕組み
Google では、あなたのデバイス情報をご利用の携帯通信会社と共有したり、SMS を利用したり（通信料が発生する場合があります）することにより、あなたの電話番号を時宜に応じて確認します
スライドする

11 ここでは＜はい、追加します＞をタッチします。電話番号を登録しない場合は、＜その他の設定＞→＜いいえ、電話番号を追加しません＞→＜完了＞の順にタッチします。

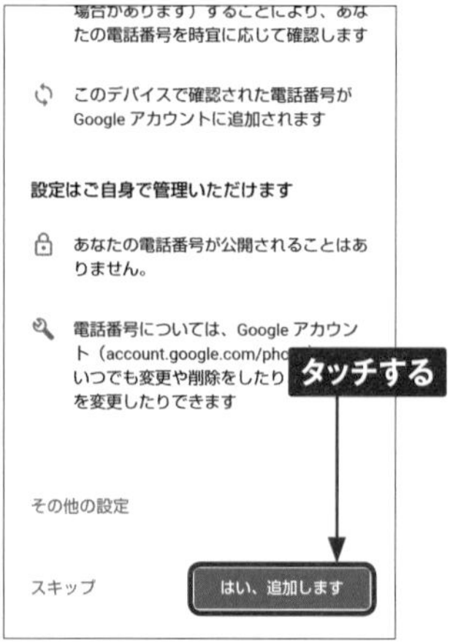
たの電話番号を時宜に応じて確認します
このデバイスで確認された電話番号が Google アカウントに追加されます
設定はご自身で管理いただけます
あなたの電話番号が公開されることはありません。
電話番号については、Google アカウント（account.google.com/pho
いつでも変更や削除をしたり
を変更したりできます
その他の設定
スキップ
はい、追加します
タッチする

12 「アカウント情報の確認」画面が表示されたら、＜次へ＞をタッチします。

アカウント情報の確認
この Gmail アドレスは、後ほどログインに使用できます
亜久雄仙巣四
akuosu04@gmail.com
タッチする
次へ

13 内容を確認して、＜同意する＞をタッチします。

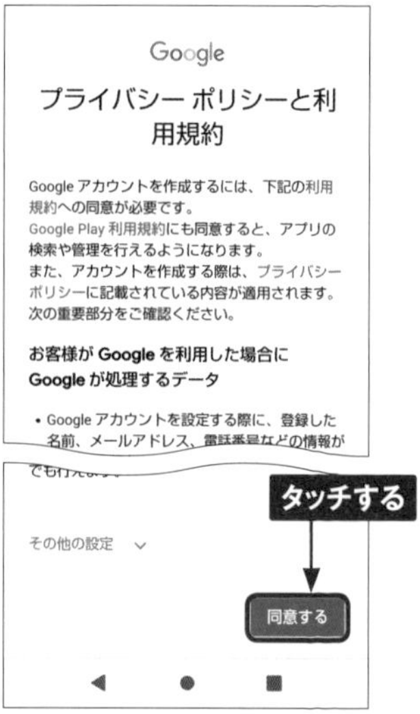
Google
プライバシー ポリシーと利用規約
Google アカウントを作成するには、下記の利用規約への同意が必要です。
Google Play 利用規約にも同意すると、アプリの検索や管理を行えるようになります。
また、アカウントを作成する際は、プライバシー ポリシーに記載されている内容が適用されます。
次の重要部分をご確認ください。
お客様が Google を利用した場合に Google が処理するデータ
• Google アカウントを設定する際に、登録した名前、メールアドレス、電話番号などの情報が
タッチする
その他の設定
同意する

14 画面を上方向にスライドし、利用したいGoogleサービスがオンになっていることを確認して、<同意する>をタッチします。

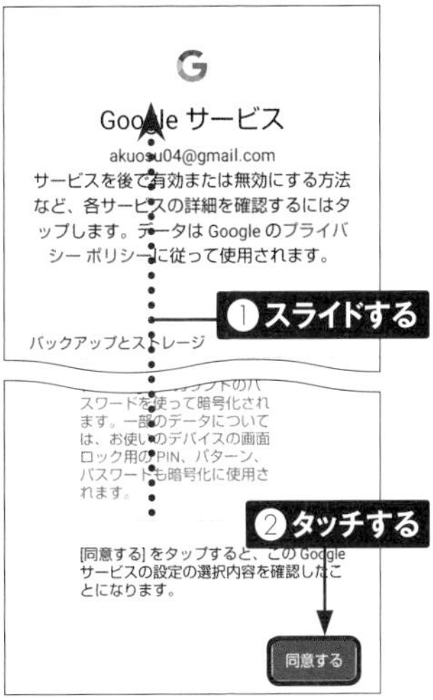

15 P.32手順③の「アカウント」画面に戻ります。Googleアカウントをタッチします。

16 <アカウントの同期>をタッチします。

17 同期可能なサービスが表示されます。サービス名をタッチすると、同期のオン／オフを切り替えることができます。

ドコモのIDとパスワードを設定する

SH-41Aにdアカウントを設定すると、NTTドコモが提供するさまざまなサービスをインターネット経由で利用できるようになります。また、あわせてspモードパスワードの変更も済ませておきましょう。

dアカウントとは

「dアカウント」とは、NTTドコモが提供しているさまざまなサービスを利用するためのIDです。dアカウントを作成し、SH-41Aに設定することで、Wi-Fi経由で「dマーケット」などのドコモの各種サービスを利用できるようになります。
なお、ドコモのサービスを利用しようとすると、いくつかのパスワードを求められる場合があります。このうちspモードパスワードは「お客様サポート」（My docomo）で確認・再発行できますが、「ネットワーク暗証番号」はインターネット上で確認・再発行できません。契約書類を紛失しないように気を付けましょう。さらに、spモードパスワードを初期値（0000）のまま使っていると、変更をうながす画面が表示されることがあります。その場合は、画面の指示に従ってパスワードを変更しましょう。
なお、ドコモショップなどですでに設定を行っている場合、ここでの設定は必要ありません。

ドコモのサービスで利用するID／パスワード	
ネットワーク暗証番号	お客様サポート（My docomo）や、各種電話サービスを利用する際に必要です（Sec.50参照）。
dアカウント／パスワード	Wi-Fi接続時やパソコンのWebブラウザ経由で、ドコモのサービスを利用する際に必要です。
spモードパスワード	ドコモメールの設定、spモードサイトの登録／解除の際に必要です。初期値は「0000」ですが、変更が必要です（P.41参照）。

MEMO

dアカウントとパスワードは Wi-Fi経由でドコモのサービスを使うときに必要

4G（LTE）回線を利用しているときは不要ですが、Wi-Fi経由でドコモのサービスを利用する際は、dアカウントとパスワードを入力する必要があります。

dアカウントを設定する

1 P.20を参考に設定メニューを起動して、<ドコモのサービス／クラウド>をタッチします。

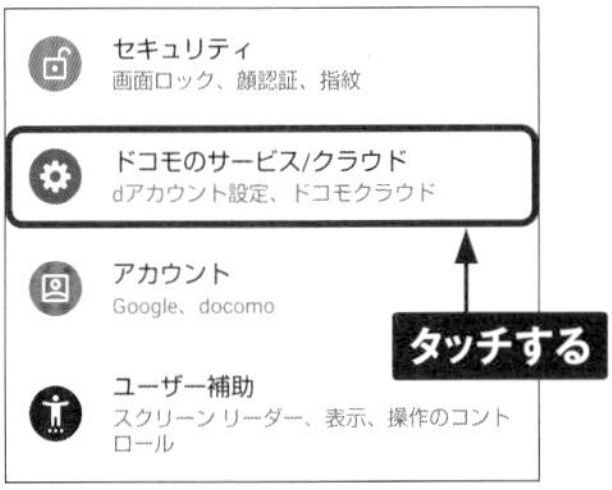

セキュリティ
画面ロック、顔認証、指紋
ドコモのサービス/クラウド
dアカウント設定、ドコモクラウド
アカウント
Google、docomo
タッチする
ユーザー補助
スクリーン リーダー、表示、操作のコントロール

2 <dアカウント設定>をタッチします。

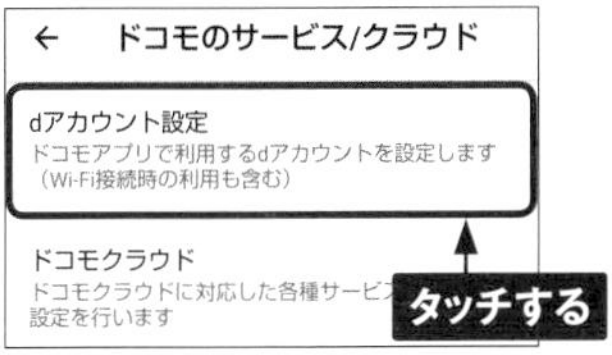

← ドコモのサービス/クラウド
dアカウント設定
ドコモアプリで利用するdアカウントを設定します（Wi-Fi接続時の利用も含む）
ドコモクラウド
ドコモクラウドに対応した各種サービ
設定を行います
タッチする

3 「機能利用の許可」画面で<利用の許可へ>をタッチします。

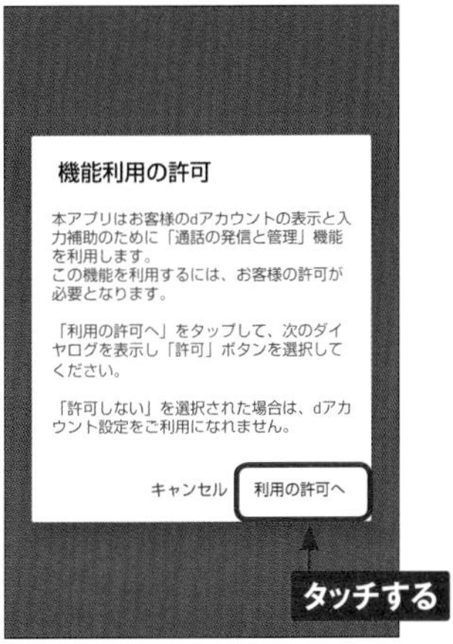

機能利用の許可
本アプリはお客様のdアカウントの表示と入力補助のために「通話の発信と管理」機能を利用します。
この機能を利用するには、お客様の許可が必要となります。
「利用の許可へ」をタップして、次のダイヤログを表示し「許可」ボタンを選択してください。
「許可しない」を選択された場合は、dアカウント設定をご利用になれません。
キャンセル
利用の許可へ
タッチする

4 「ご利用にあたって」画面が表示されたら、内容を確認して、<同意する>をタッチします。「はじめに」画面が表示されたら、<次へ>をタッチして進みます。

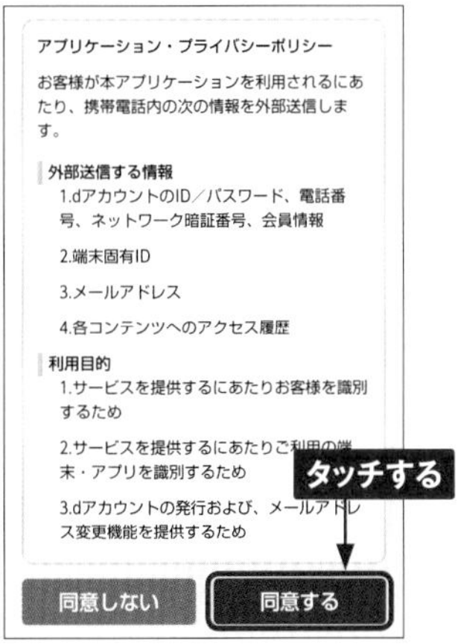

アプリケーション・プライバシーポリシー
お客様が本アプリケーションを利用されるにあたり、携帯電話内の次の情報を外部送信します。
外部送信する情報
1.dアカウントのID／パスワード、電話番号、ネットワーク暗証番号、会員情報
2.端末固有ID
3.メールアドレス
4.各コンテンツへのアクセス履歴
利用目的
1.サービスを提供するにあたりお客様を識別するため
2.サービスを提供するにあたりご利用の端末・アプリを識別するため
3.dアカウントの発行および、メールアドレス変更機能を提供するため
タッチする
同意しない
同意する

5 「dアカウント設定」画面が表示されるので、新規に作成する場合は、<新たにdアカウントを作成>をタッチします。

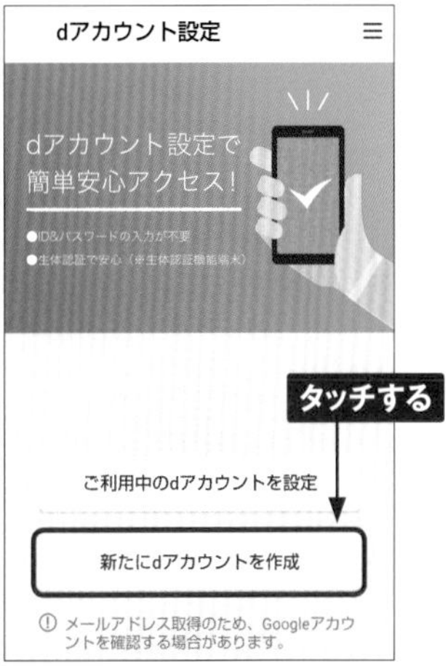

dアカウント設定
dアカウント設定で
簡単安心アクセス!
タッチする
ご利用中のdアカウントを設定
新たにdアカウントを作成
メールアドレス取得のため、Googleアカウントを確認する場合があります。

6 「dアカウント作成状況」画面が表示された場合は、<新たにdアカウントを作成する>をタッチします。

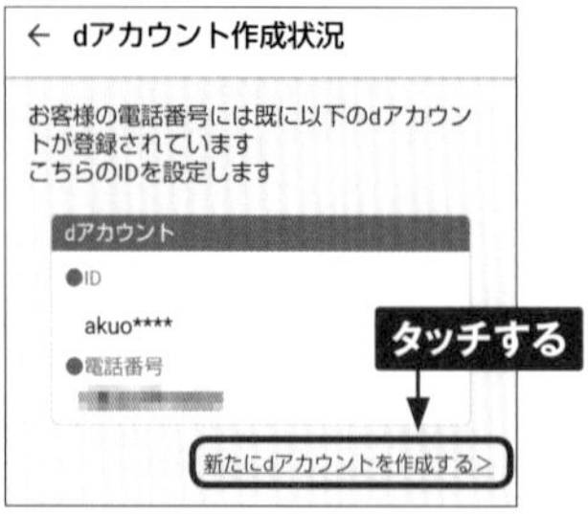

7 「spモード接続」画面で<はい>をタッチします。

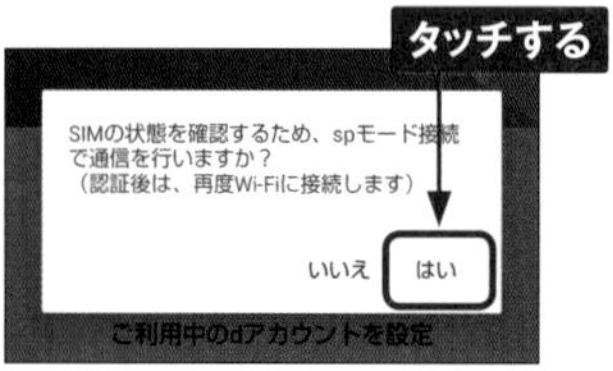

8 「ネットワーク暗証番号確認」画面が表示されたら、ネットワーク暗証番号（P.36参照）を入力して<OK>をタッチします。

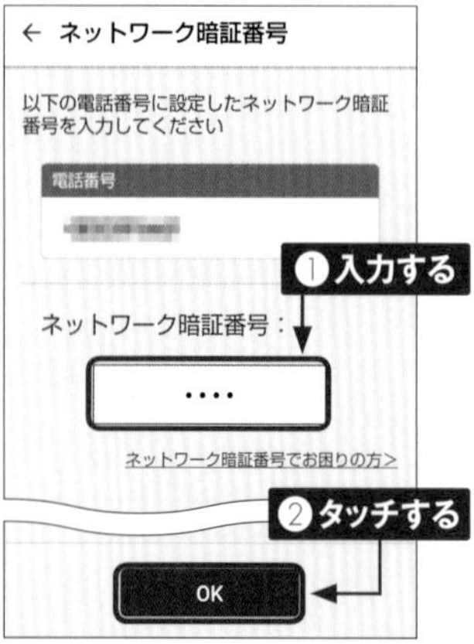

9 「アカウントの選択」画面で設定内容を通知するためのアカウントを選択します。ここではSec.11で作成したGoogleアカウントをタッチして、<OK>をタッチします。

10 連絡先メールアドレスを選択します。ここでは<Gmail>をタッチします。

11 「ID設定」画面が表示されます。好きなIDを設定する場合は、○をタッチして◉にし、ID名を入力して、<設定する>をタッチします。

12 dアカウントで利用するパスワードを入力して、＜OK＞をタッチします。

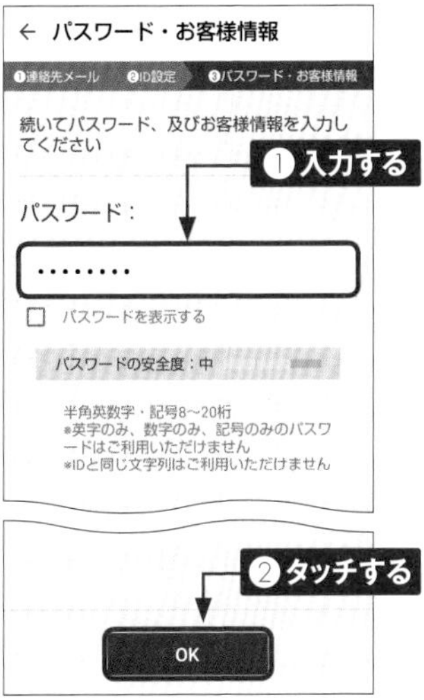

13 「ご利用規約」画面が表示されたら、内容を確認して、＜同意する＞をタッチします。

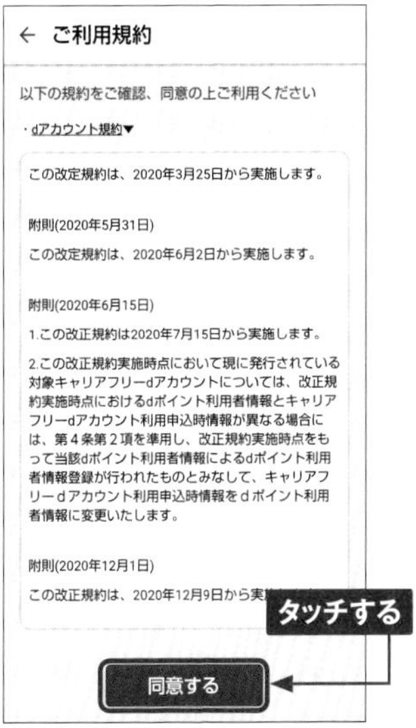

14 dアカウントの作成が完了しました。画面を上方向にスライドします。

15 生体認証の設定は、ここでは＜設定しない＞をタッチして、＜OK＞をタッチします。

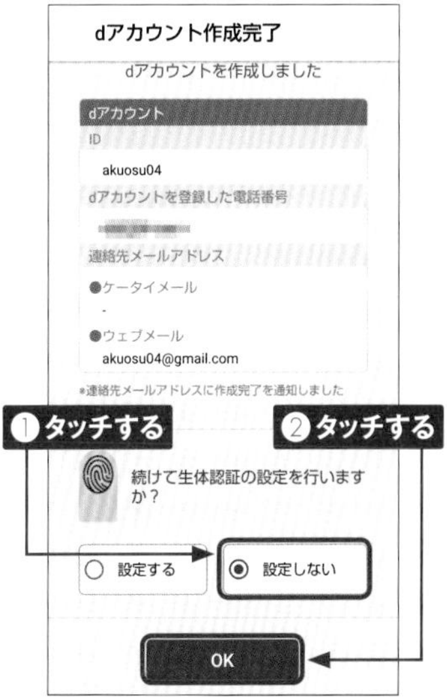

16 「アプリ一括インストール」画面が表示されたら、<今すぐ実行>をタッチして、<進む>をタッチします。

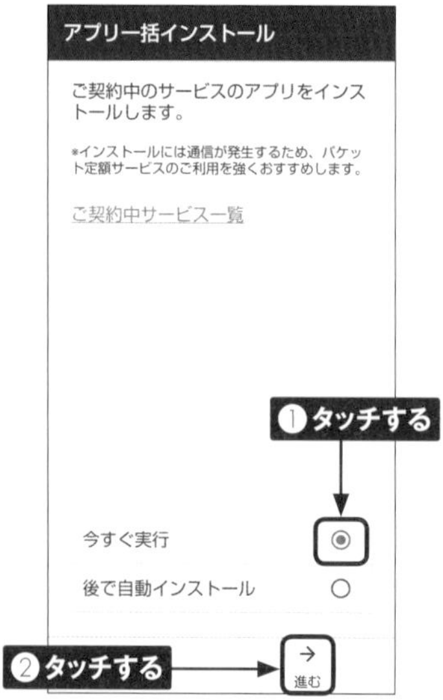

17 「ドコモアプリ管理」画面で<次の画面へ>をタッチします。

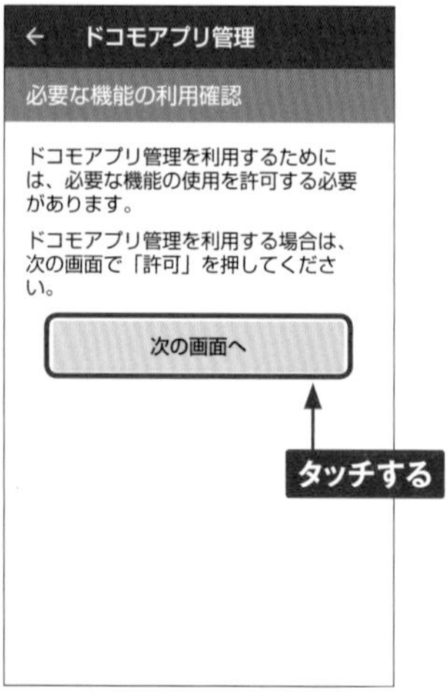

18 アプリの許可に関する画面が表示されたら、<許可>をタッチして進みます。

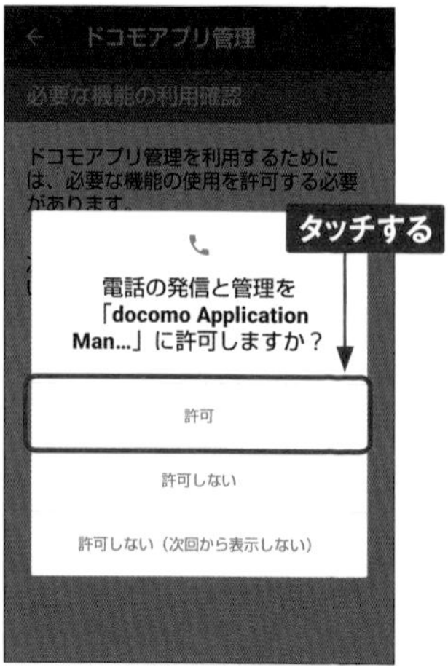

19 dアカウントの設定が完了します。以降は、P.37手順②の操作でこの画面が表示され、dアカウントの確認やパスワードの変更などを行うことができます。

spモードパスワードを変更する

1 ホーム画面で、＜dメニュー＞をタッチします。

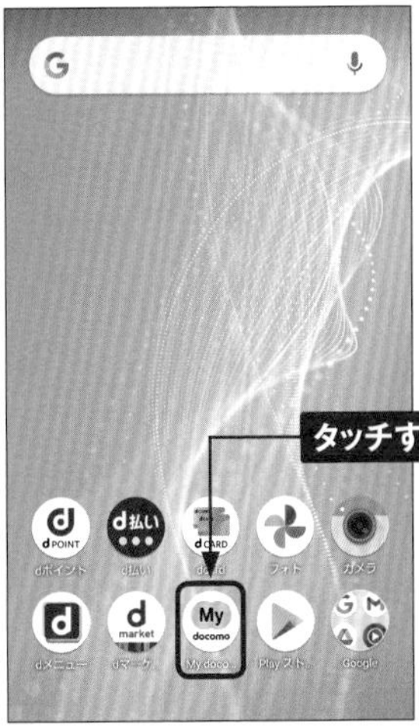

2 dメニューの画面で＜My docomo＞をタッチします。

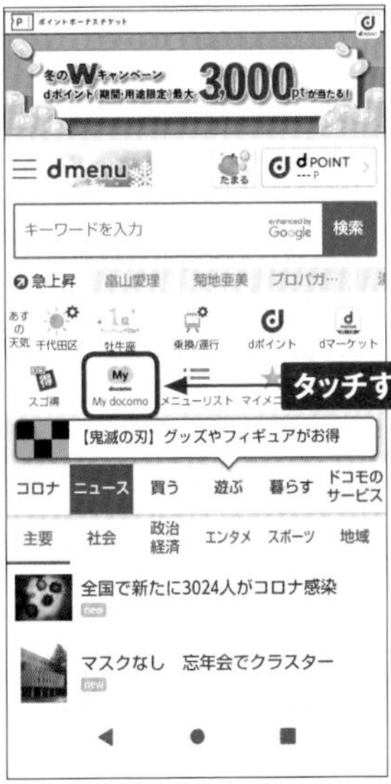

3 ＜設定(メール等)＞をタッチします。

4 ＜spモードパスワード＞をタッチします。

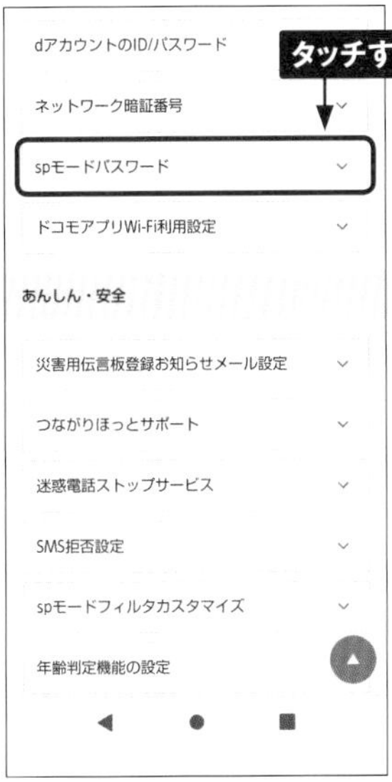

5 <変更する>をタッチします。

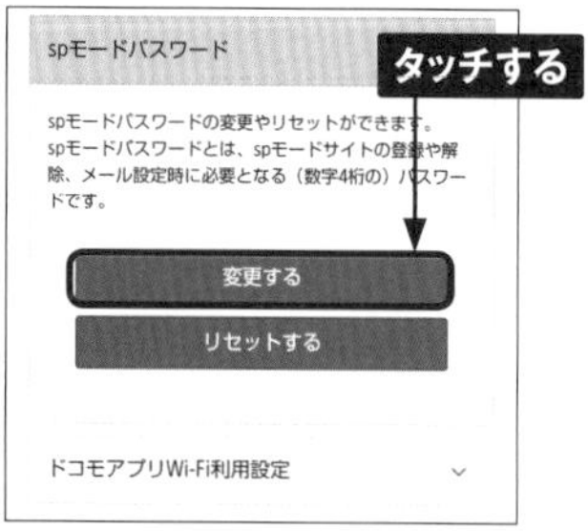

6 dアカウントのログイン画面が表示されたら、dアカウントのIDとパスワードを入力してログインします。

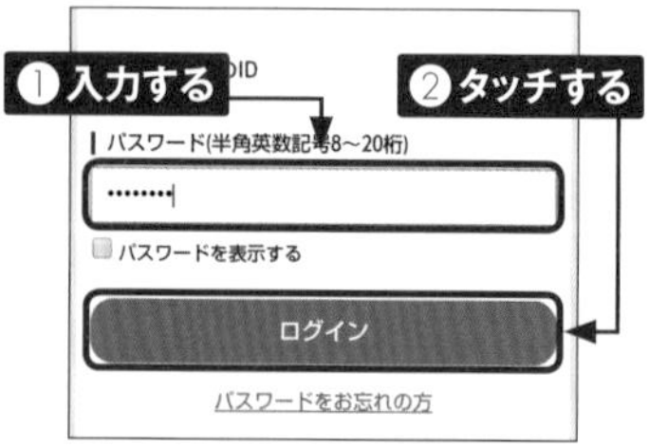

7 追加ネットワーク暗証番号を入力し、<認証する>をタッチします。

8 現在のspモードパスワード（初期値は「0000」）と新しいパスワード（不規則な数字4文字）を入力し、<設定を確認する>をタッチします。

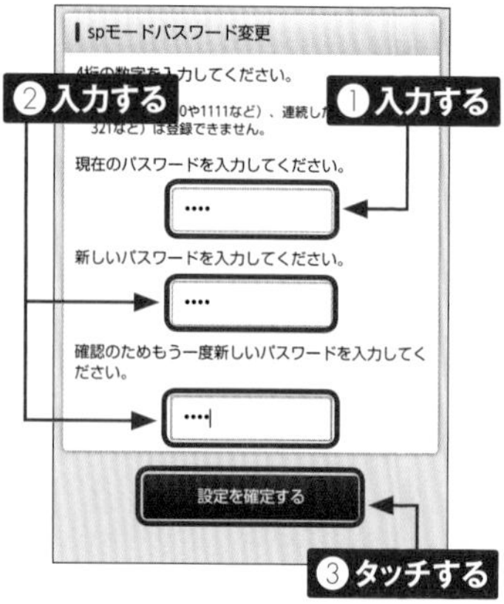

9 SPモードパスワードの変更が完了します。

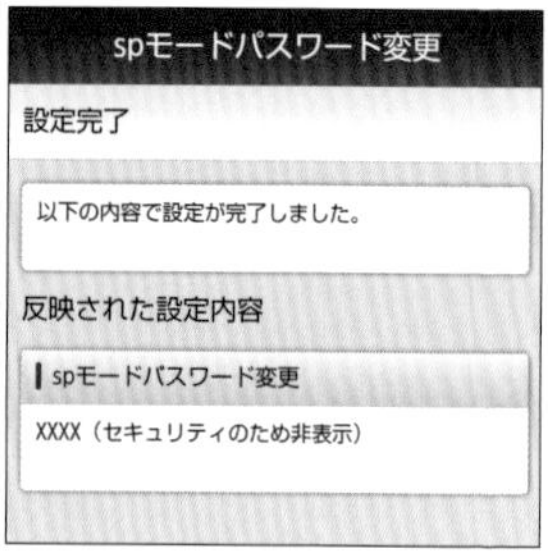

MEMO spモードパスワードをリセットする

spモードパスワードがわからなくなったときは、手順⑤の画面で<リセットする>をタッチし、画面に従って暗証番号などを入力して手続きを行うと、初期値の「0000」にリセットできます。

Chapter
2

電話機能を使う

Section 13

電話をかける／受ける

電話操作は発信も着信も非常にシンプルです。 発信時はホーム画面のアイコンからかんたんに電話を発信でき、着信時はスワイプまたはタッチ操作で通話を開始できます。

電話をかける

1 ホーム画面でをタッチします。

2 「電話」アプリが起動します。をタッチします。

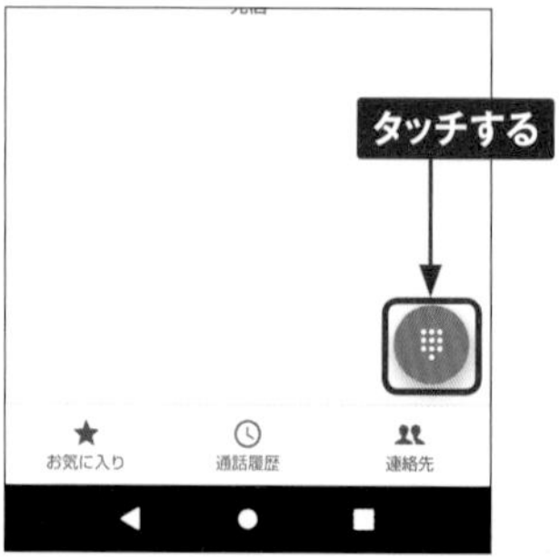

3 相手の電話番号をタッチして入力し、をタッチすると、電話が発信されます。

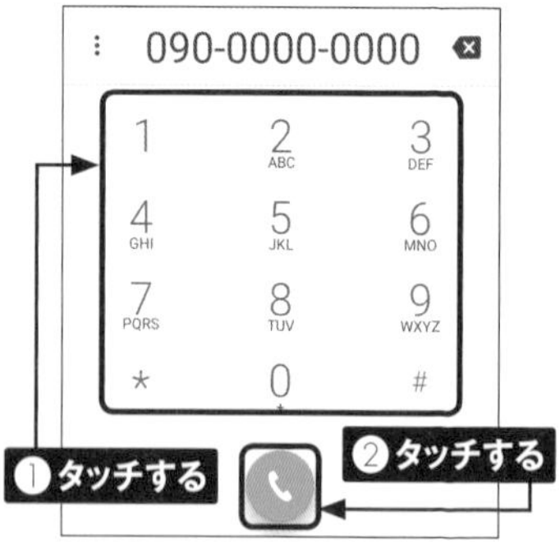

4 相手が応答すると通話が始まります。＜終了＞をタッチすると、通話が終了します。

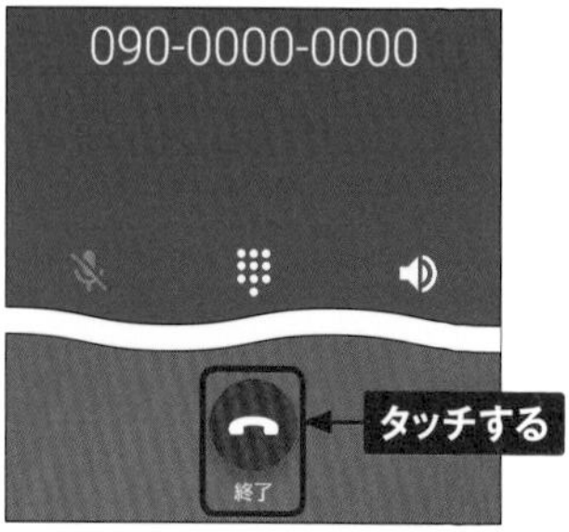

電話を受ける

1 電話がかかってくると、着信画面が表示されます（スリープ状態の場合）。を上方向にスワイプします。また、画面上部に通知で表示された場合は、＜応答＞をタッチします。

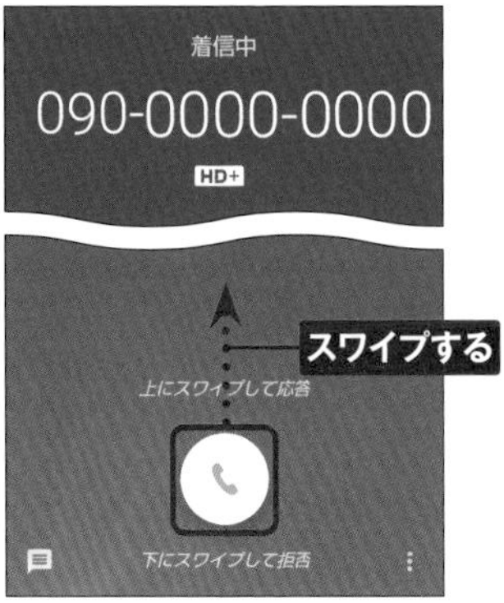

2 相手との通話が始まります。通話中にアイコンをタッチすると、ダイヤルキーなどの機能を利用できます。

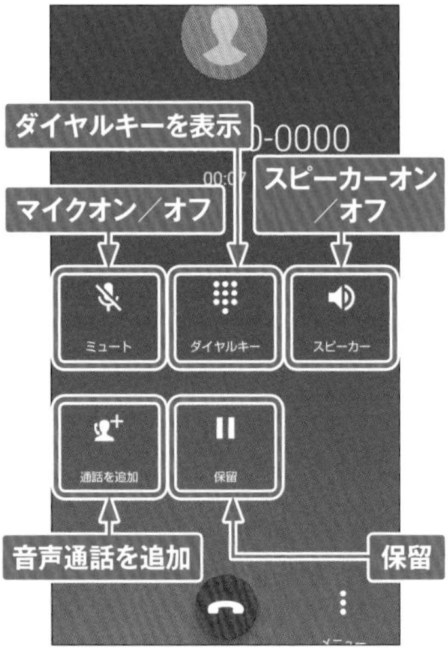

3 ＜終了＞をタッチすると、通話が終了します。

MEMO　スグ電とは

SH-41Aでは、特定のジェスチャーを行うことで、電話に応答したり、拒否したりできる「スグ電」が利用可能です。Sec.16を参考に設定を行うことで、下記のようなジェスチャーで操作できます。

耳元に当てる	電話に応答する
振って耳元に当てる	特定の連絡先に発信する
下向きに置く	着信音を消す／着信を拒否する／通話を終了する

Section 14

履歴を確認する

電話の発信や着信の履歴は、発着信履歴画面で確認します。また、電話をかけ直したいときに通話履歴から発信したり、電話した理由をメッセージ（SMS）で送信したりすることもできます。

発信や着信の履歴を確認する

① ホーム画面でをタッチして「電話」アプリを起動し、＜通話履歴＞をタッチします。

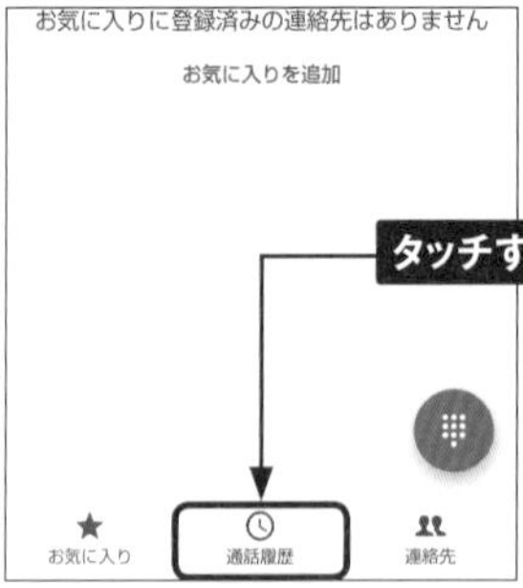

② 発着信の履歴を確認できます。履歴をタッチして、＜通話の詳細＞をタッチします。

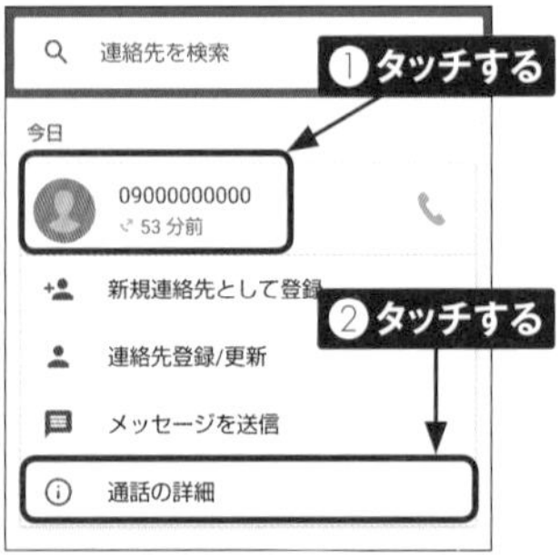

③ 通話の詳細を確認することができます。

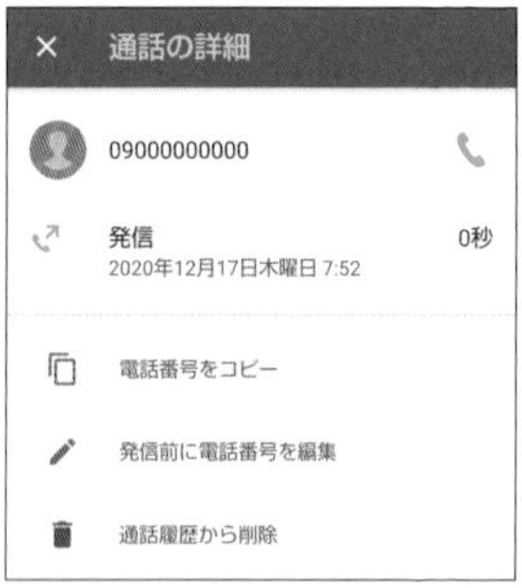

MEMO 履歴の削除

手順③の画面で＜通話履歴から削除＞をタッチすると、履歴を削除できます。

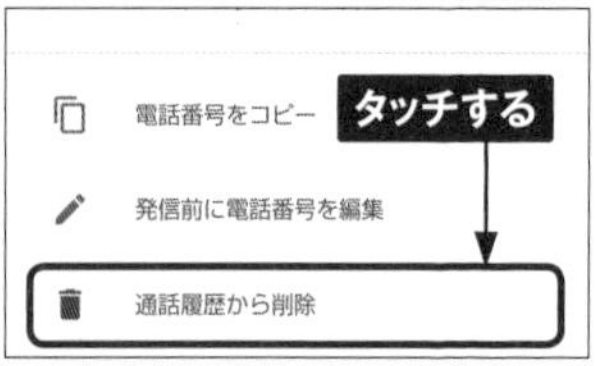

履歴から発信する

1. P.46手順①を参考に発着信履歴画面を表示します。発信したい履歴の📞をタッチします。

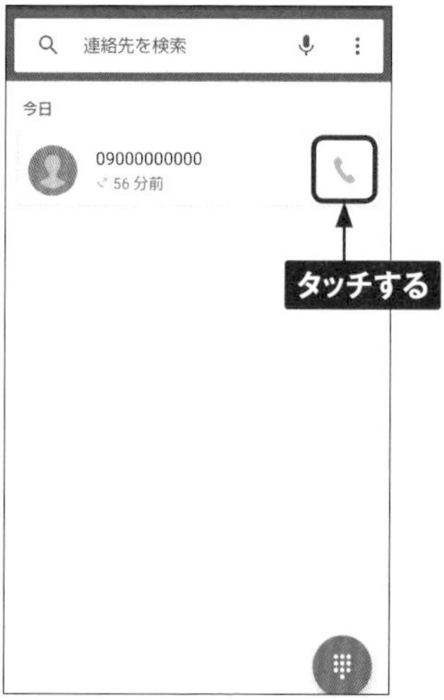

2. 電話が発信されます。

MEMO 電話した理由をメッセージ（SMS）で送信

相手が応答しなかった場合は、画面下部に「電話をした理由を伝えられます」と表示されるので、<メッセージを送信>をタッチします。メッセージを候補から選んで入力するか、<カスタムメッセージを入力>に好きなメッセージを入力して➤をタッチすると、相手にメッセージ（SMS）が送信されます。

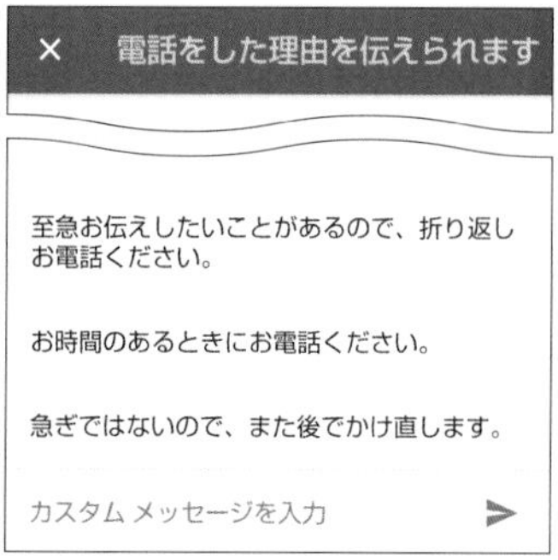

伝言メモを利用する

SH-41Aでは、電話を取れないときに本体に伝言を記録する伝言メモ機能を利用できます。有料サービスである留守番電話サービスとは異なり、無料で利用できるのでぜひ使ってみましょう。

伝言メモを設定する

1. P.44手順①を参考に「電話」アプリを起動して、画面右上の⋮をタッチし、<設定>をタッチします。

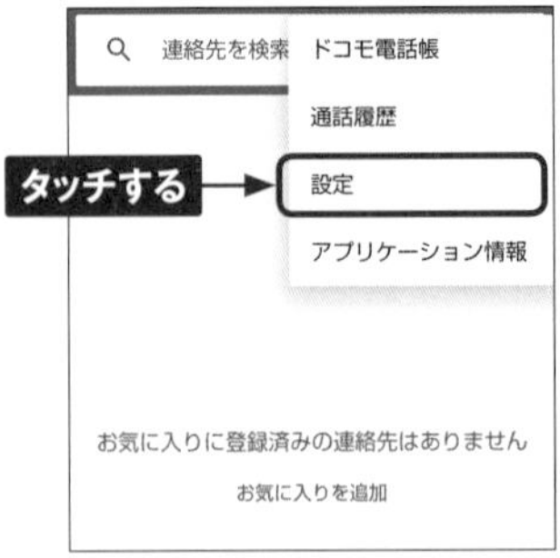

2. 設定メニューで<通話>→<通話音声・伝言メモ>→<伝言メモ設定>→<ON>の順にタッチします。

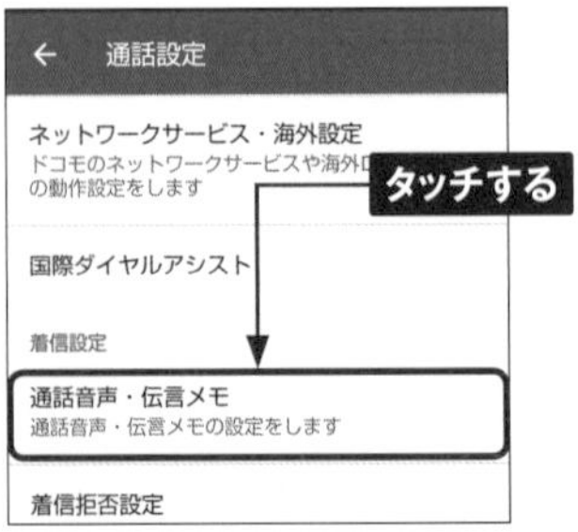

3. 「通話音声・伝言メモ」画面で<応答時間設定>をタッチします。

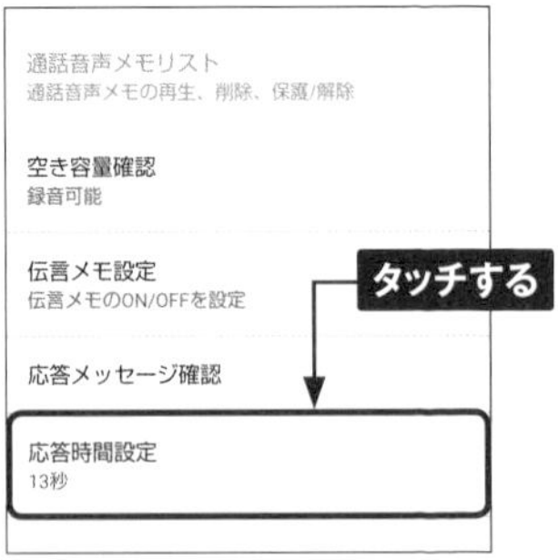

4. 応答時間をドラッグして変更し、<設定>をタッチします。留守番電話サービスの呼び出し時間より短く設定する必要があります。

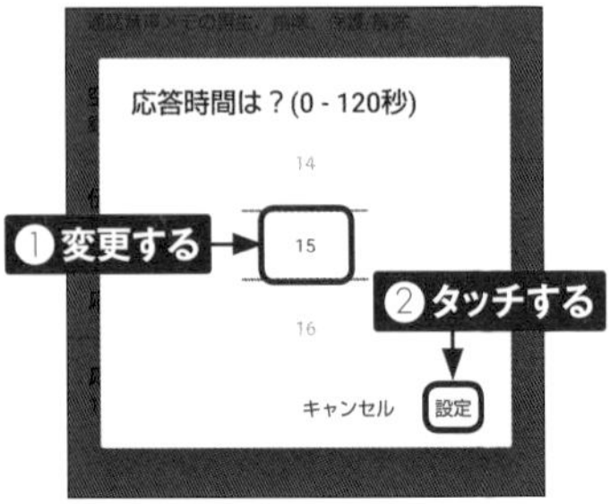

伝言メモを再生する

① 不在着信と伝言メモがあると、ステータスバーに が表示されます。ステータスバーを下方向にドラッグします。

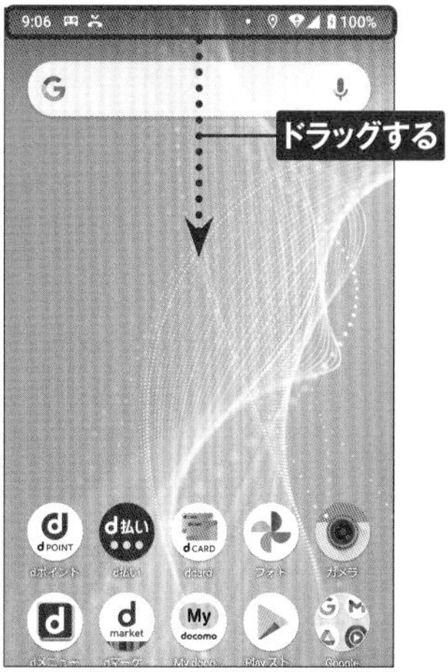

② ステータスパネルが表示されるので、伝言メモの通知をタッチします。

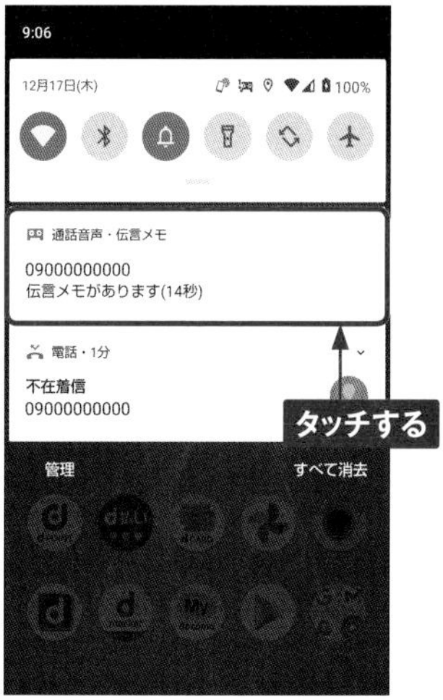

③ 伝言メモリストから聞きたい伝言メモをタッチすると、伝言メモが再生されます。

④ 伝言メモを削除するには、<削除>をタッチします。

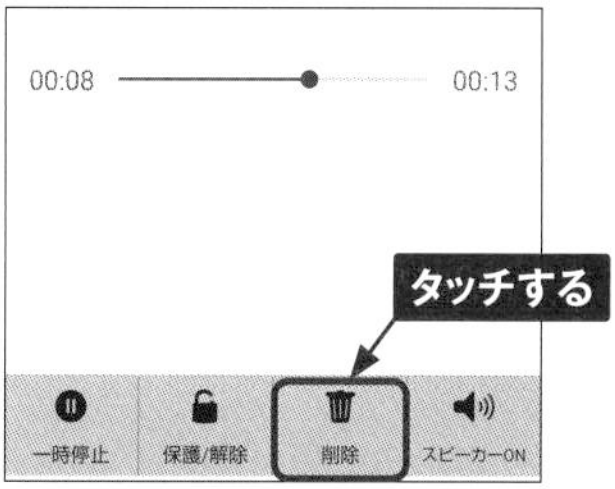

MEMO

そのほかの伝言メモ再生方法

ステータスバーの通知を削除してしまった場合は、P.48手順③の画面で<伝言メモリスト>をタッチします。あとは手順③以降と同じです。

Section 16

スグ電ですばやく応答する

「スグ電」を利用すると、電話の着信時に端末を耳にあてるだけで応答するなど、モーション（動き）だけで電話を操作できます。画面を操作せずに、電話の発着信がすばやくできる便利な機能です。

スグ電の設定をする

① 「電話」アプリで画面右上の ⋮ をタッチし、<設定>をタッチします。

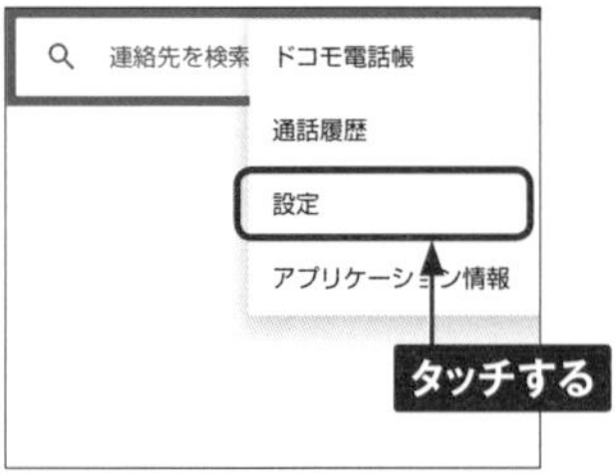

② <通話>→<スグ電設定>の順にタッチし、「スグ電設定」画面を表示します。初めて利用する場合は注意事項が表示されるので、<同意して利用する>をタッチしてチェックを付けて、<OK>をタッチします。

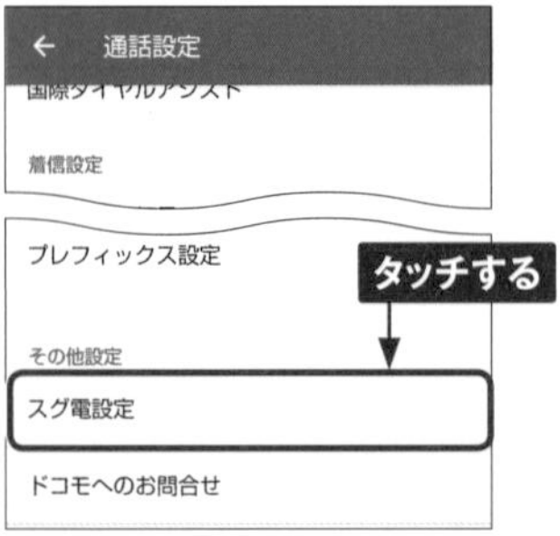

③ 設定したい項目（ここでは<消音・拒否>）をタッチします。「利用情報の送信確認」画面が表示されたら、<同意せずに利用する>または<同意する>をタッチします。

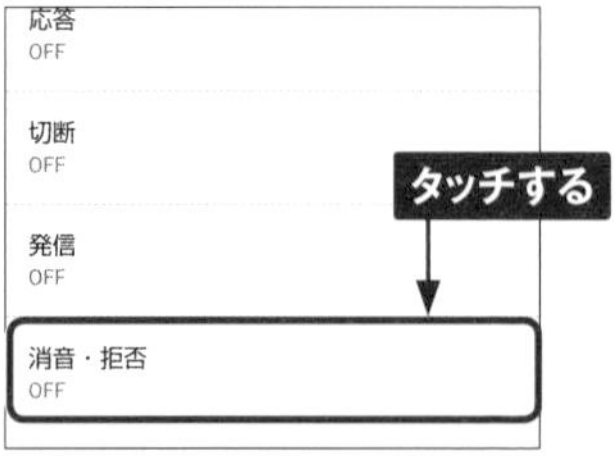

④ モーションを実行したときの操作を<消音><拒否><拒否してSMS送信>のいずれかをタッチして選択します。

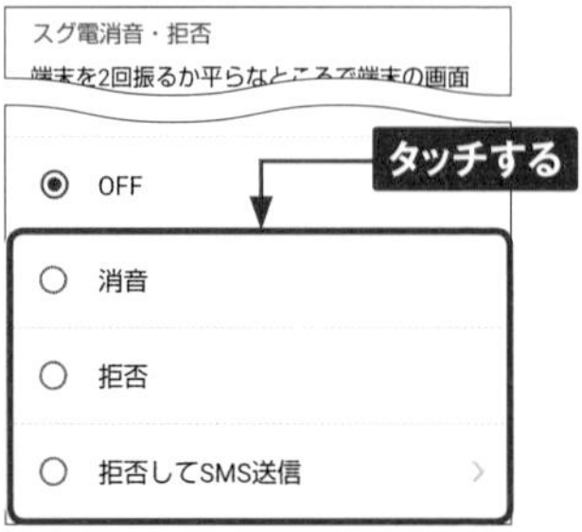

スグ電の機能

●応答

←　応答
OFF
スグ電応答
端末を耳に当てるだけで電話を受けられます

着信時に端末を耳にあてるだけで応答できます。

●切断

←　切断
じゃあね
スグ電切断
モーション（端末を2回振るか画面を下向きに置く）か音声（切断キーワード）で電話が切れます
モーション・音声ともに選択可
モーション　OFF
音声　OFF

モーションや音声で通話中の電話を切ることができます（右のMEMO参照）。

●発信

←　発信
OFF
スグ電発信
ホーム画面で端末を1回振ってから耳に当てるだけで、電話がかけられます。発信方法をタブで切り替えられます。
[右耳／左耳]あらかじめ登録している人にかけられます。
[発着信履歴]選択されている番号にかけられます。選択はタップすることで変更できます。
右耳
未登録

端末を1回振ってから耳にあてると、電話をかけられます。発信先は右耳と左耳に1人ずつ登録できるので、よくかける人を登録しておくと便利です。

MEMO　切断のモーションと音声

スグ電の「切断」には､「モーション」と「音声」の2つがあります。モーションをオンにすると、端末を下向きにして机などに置くか、端末を2回振るだけで通話中の電話を切ることができます。音声をオンにすると、「じゃあね」や「バイバイ」などのキーワードを話し、端末を耳から離すだけで電話を切ることができます。また、モーションと音声の両方をオンにして使用することも可能です。

Section 17

ドコモ電話帳を利用する

電話番号やメールアドレスなどの連絡先は、[ドコモ電話帳] で管理することができます。クラウド機能を有効にすることで、電話帳データが専用のサーバーに自動で保存されるようになります。

クラウド機能を有効にする

1 ホーム画面で⊞をタッチします。

2 アプリ一覧画面で、<ドコモ電話帳>をタッチします。

3 初回起動時は「クラウド機能の利用について」画面が表示されます。<注意事項>をタッチします。

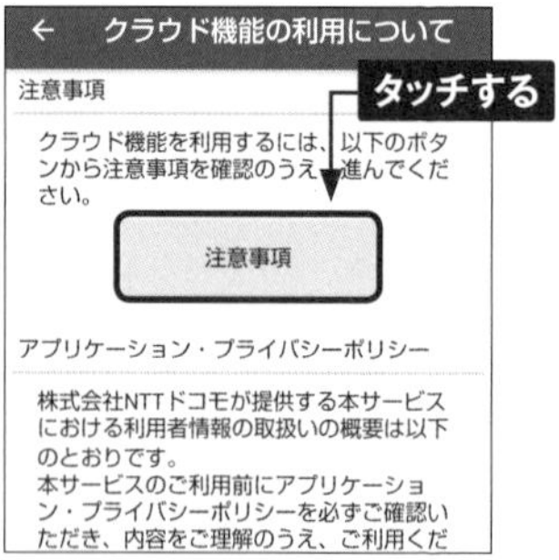

4 内容を確認し、◀をタッチして戻ります。

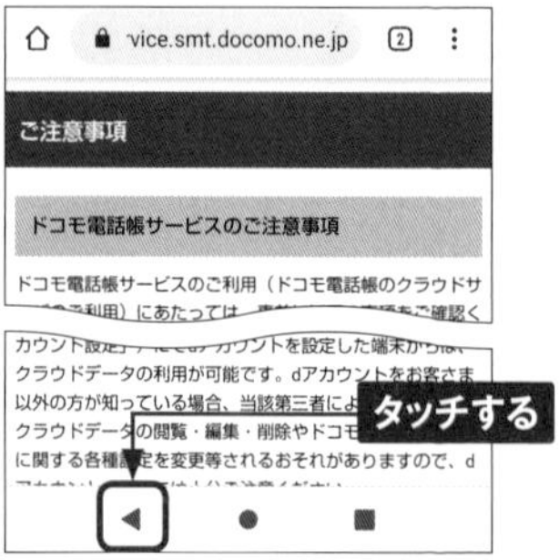

5 手順④と同様にプライバシーポリシーについても確認したら<利用する>をタッチします。

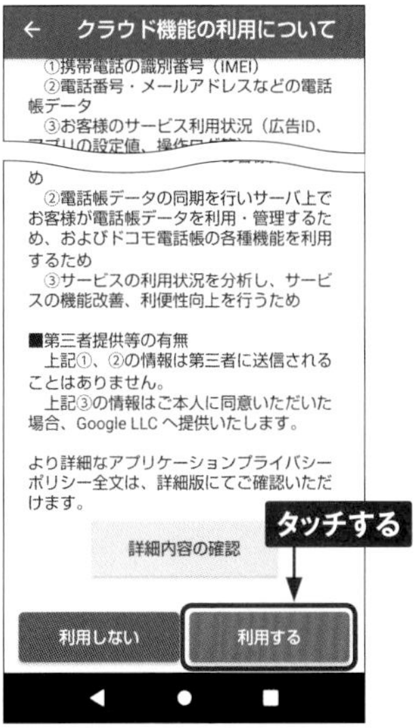

← クラウド機能の利用について
①携帯電話の識別番号（IMEI）
②電話番号・メールアドレスなどの電話帳データ
③お客様のサービス利用状況（広告ID、
め
②電話帳データの同期を行いサーバ上でお客様が電話帳データを利用・管理するため、およびドコモ電話帳の各種機能を利用するため
③サービスの利用状況を分析し、サービスの機能改善、利便性向上を行うため
■第三者提供等の有無
上記①、②の情報は第三者に送信されることはありません。
上記③の情報はご本人に同意いただいた場合、Google LLC へ提供いたします。
より詳細なアプリケーションプライバシーポリシー全文は、詳細版にてご確認いただけます。
詳細内容の確認
タッチする
利用しない
利用する

6 「ドコモ電話帳」画面が表示されます。機種変更などでクラウドサーバーに保存していた連絡先がある場合は、自動的に同期されます。

すべての連絡先
連絡先リストが空です
連絡先を追加

MEMO ドコモ電話帳のクラウド機能とは

ドコモ電話帳のクラウド機能では、電話帳データを専用のクラウドサーバー（インターネット上の保管庫）に自動保存しています。そのため、機種変更をしたときも、クラウドを利用して簡単に電話帳のデータを移行できます。
また、パソコンから電話帳データを閲覧／編集できる機能も用意されています。
クラウドのデータを手動で同期する場合は、P.57手順②の画面で、<クラウドメニュー>→<クラウドとの同期実行>→<OK>の順にタッチします。

← クラウドメニュー
クラウドとの同期実行
クラウドの状態確認
クラウドデータ復旧メニュー
同期の停止

2

ドコモ電話帳に新規連絡先を登録する

① P.52手順①～②を参考にドコモ電話帳を開き、をタッチします。

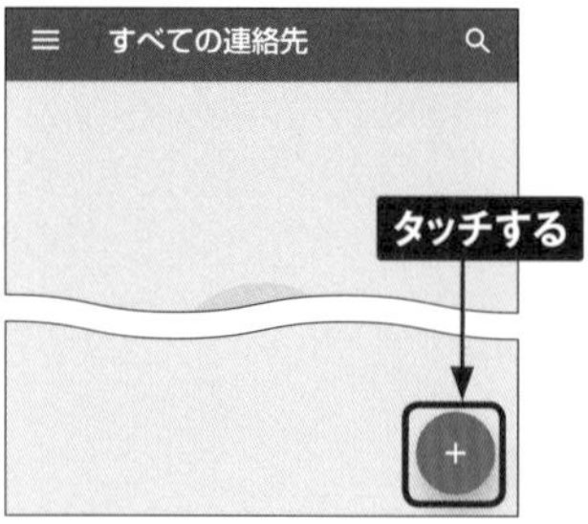

② 連絡先を保存するアカウントを選択します。ここでは<docomo>を選択します。

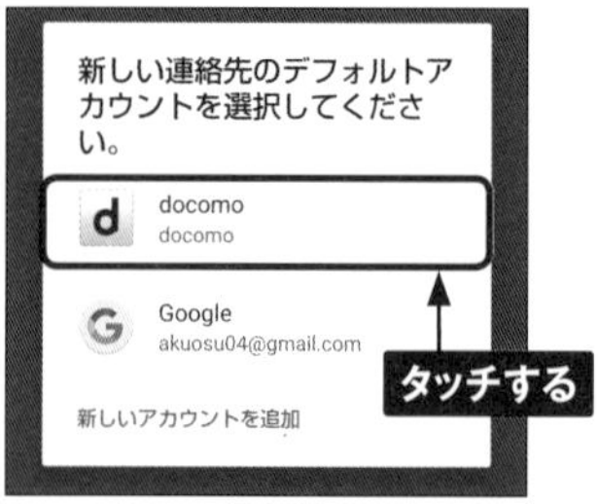

③ 入力欄をタッチし、ソフトウェアキーボードを表示して、［姓］と［名］の入力欄へ連絡先の情報を入力して、をタッチします。

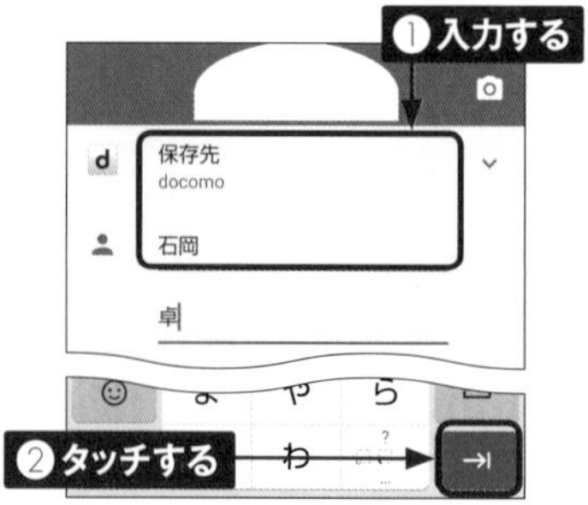

④ 電話番号やメールアドレスを入力します。ふりがなを入力する場合は、<その他の項目>をタッチします。完了したら<保存>をタッチします。

⑤ 連絡先の情報が保存され、ドコモ電話帳に戻ります。

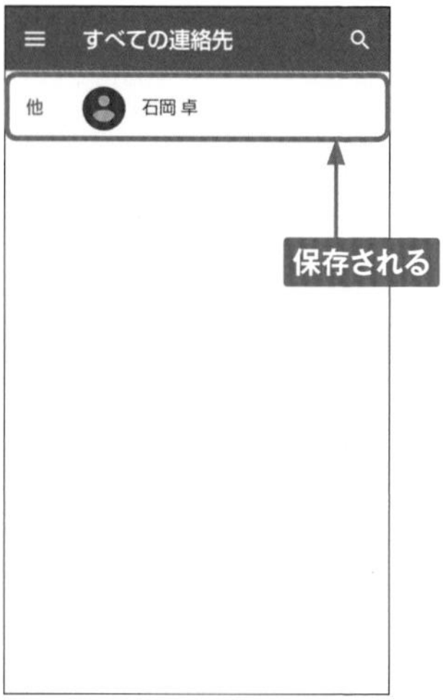

ドコモ電話帳に通話履歴から登録する

1 P.46を参考に［履歴］画面を表示します。連絡先に登録したい電話番号をタッチします。

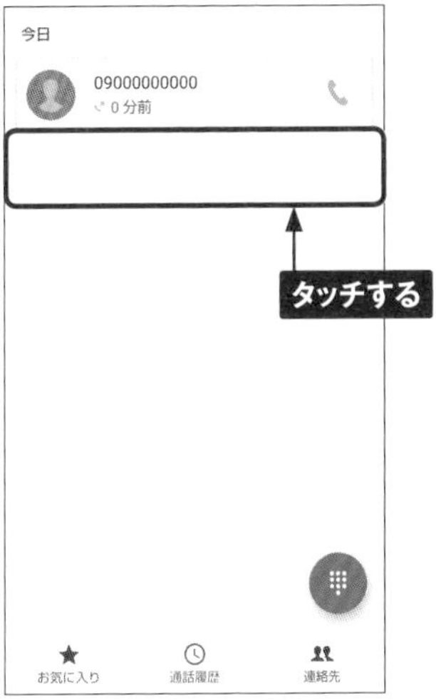

2 <新規連絡先として登録>をタッチします。

3 P.54手順③～④を参考に連絡先の情報を登録します。

4 ドコモ連絡帳のほか、通話履歴、連絡先にも登録した名前が表示されるようになります。

ドコモ電話帳のそのほかの機能

●連絡先を編集する

① P.52手順①～②を参考に［ドコモ電話帳］画面を表示し、編集したい連絡先をタッチします。

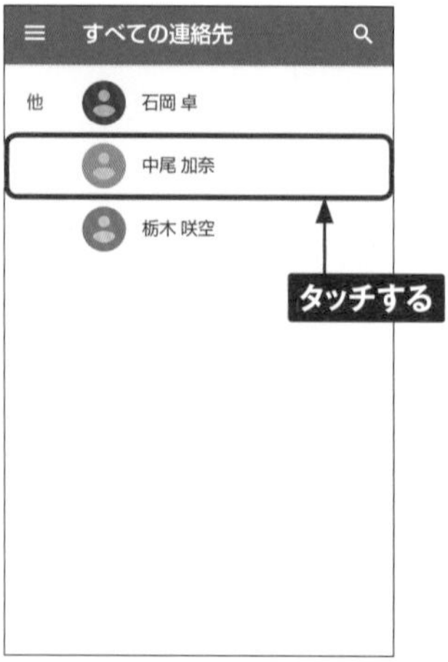

② をタッチし、P.54手順③～④を参考に連絡先を編集します。

●電話帳から電話をかける

① 左記手順①～②を参考に［プロフィール］画面を表示し、番号をタッチします。

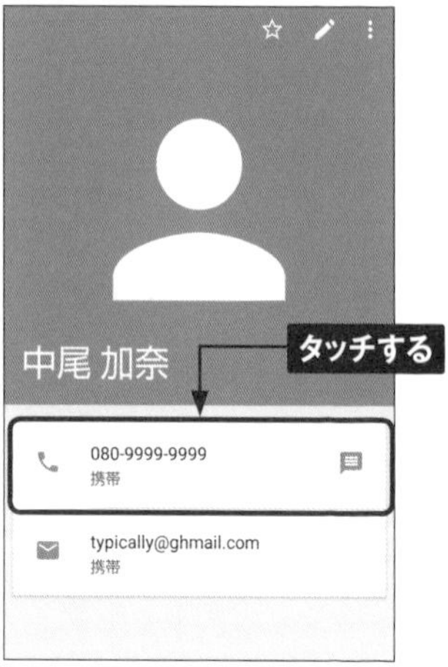

② 電話が発信されます。

自分の情報を確認する

1 P.52手順①～②を参考に［ドコモ電話帳］画面を表示し、をタッチします。

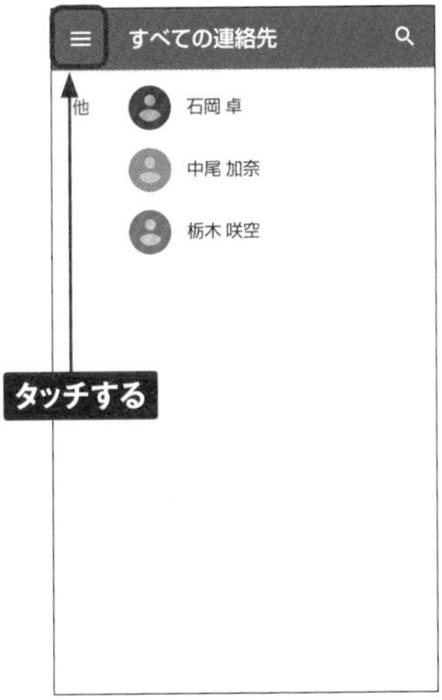

2 <設定>→<ユーザー情報>をタッチします。

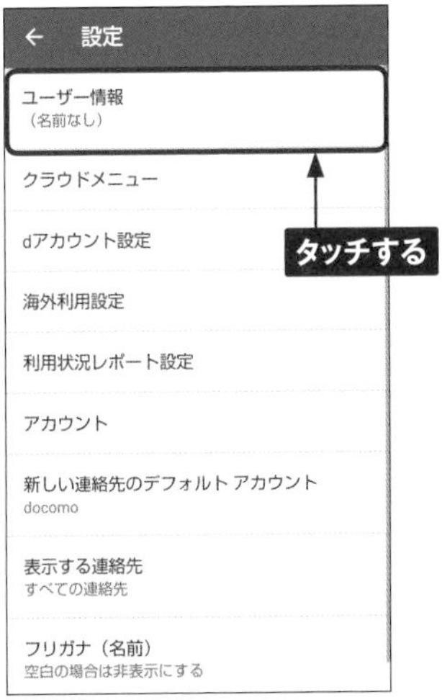

3 自分の情報が表示されて、電話番号などを確認できます。編集する場合はをタッチします。

4 P.54手順③～④を参考に情報を入力し、<保存>をタッチします。

着信拒否を設定する

迷惑電話ストップサービス（無料）を利用すると、リストに登録した電話番号からの着信を拒否することができます。迷惑電話やいたずら電話がくり返しかかってきたときは、着信拒否を設定しましょう。

着信拒否リストに登録する

① P.44を参考に「電話」アプリを起動し、⋮→＜設定＞→＜通話＞の順にタッチします。

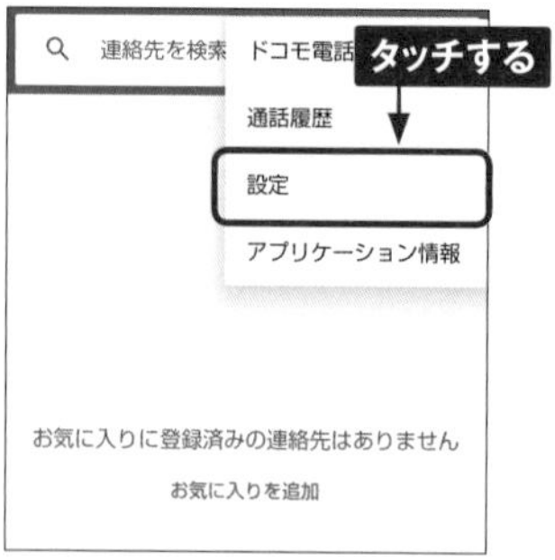

② ＜ネットワークサービス・海外設定＞をタッチします。

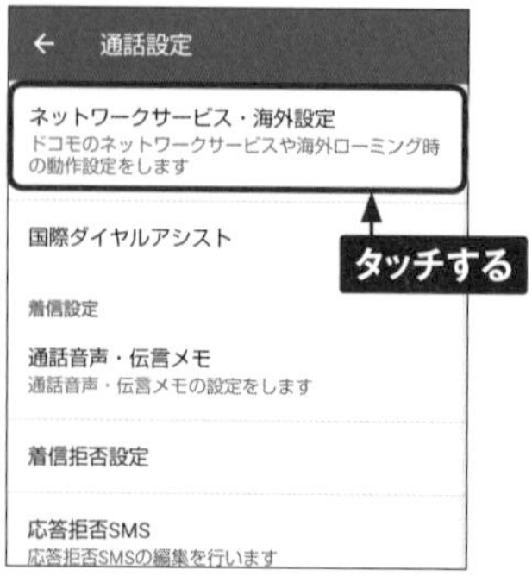

③ ＜ネットワークサービス＞→＜迷惑電話ストップサービス＞をタッチします。

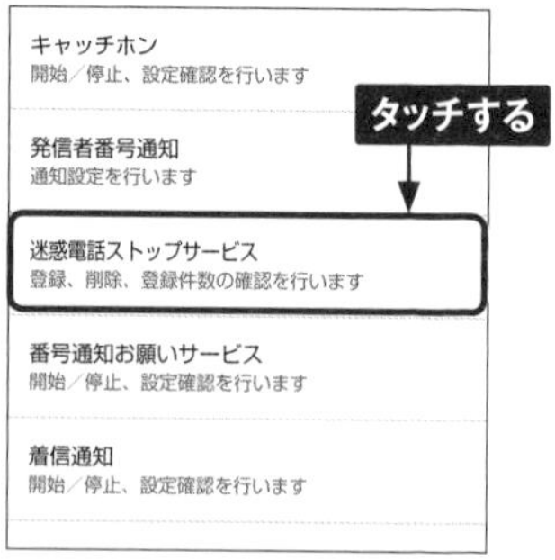

MEMO 最後に着信した電話番号の着信拒否登録

手順④の画面で＜着信番号拒否登録＞→＜OK＞の順にタッチすると、最後に着信した相手の電話番号を着信拒否リストに登録できます。また、＜詳細設定＞をタッチすると、「My docomo」（Sec.50参照）からリストに登録した電話番号の確認や削除などが行えます。

4 <番号指定拒否登録>をタッチします。

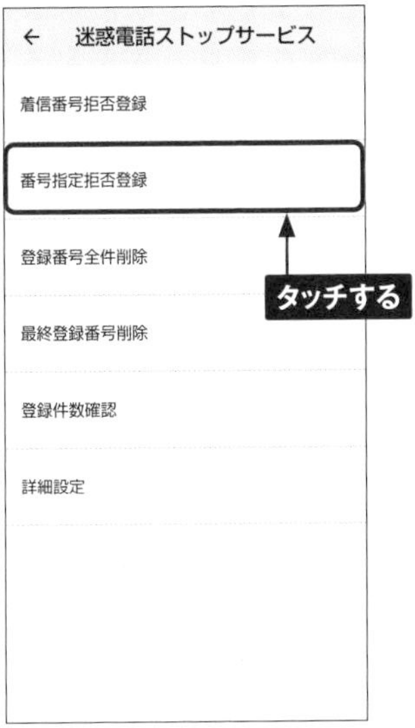

5 着信を拒否したい電話番号を入力し、<OK>をタッチします。

6 確認のメッセージが表示されたら、<OK>をタッチします。

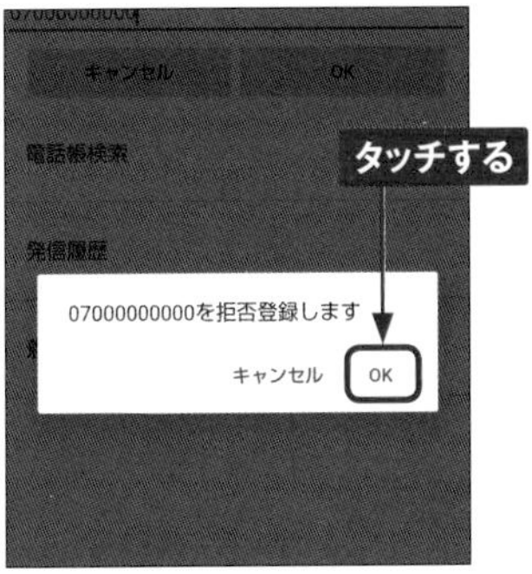

7 「登録しました」というメッセージが表示されたら、<OK>をタッチします。

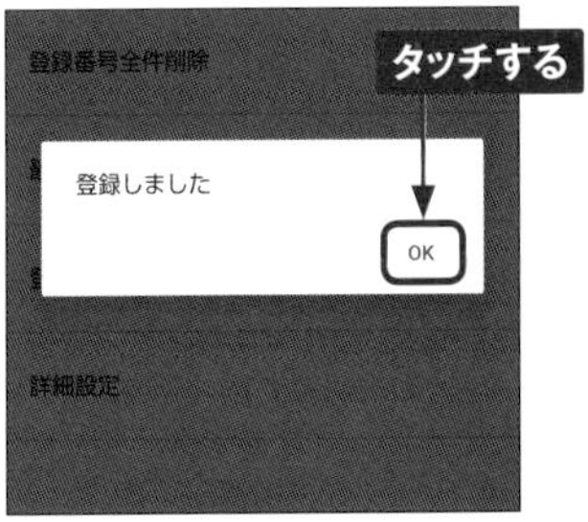

MEMO 着信拒否リストに登録した電話番号の削除

電話番号を間違えて着信拒否リストに登録してしまったときは、手順④の画面で<最終登録番号削除>をタッチして、<OK>をタッチすると、最後に登録した電話番号だけが解除されます。なお、<登録番号全件削除>をタッチすると、これまで登録したすべての電話番号が登録解除されます。

通知音や着信音を変更する

メールの通知音と電話の着信音は、設定メニューから変更できます。また、電話の着信音は、着信した相手ごとに個別に設定できます。

メールの通知音を変更する

① P.20を参考に設定メニューを開いて、<音>をタッチします。

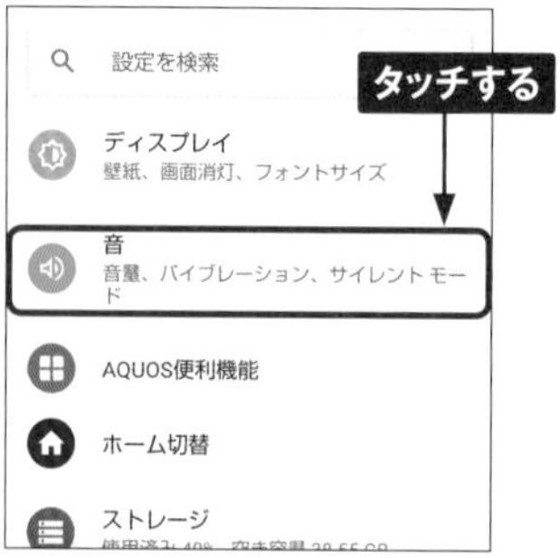

② 「音」画面が表示されるので、<詳細設定>→<デフォルトの通知音>の順にタッチします。アクセス許可が表示されたら、<許可>をタッチします。

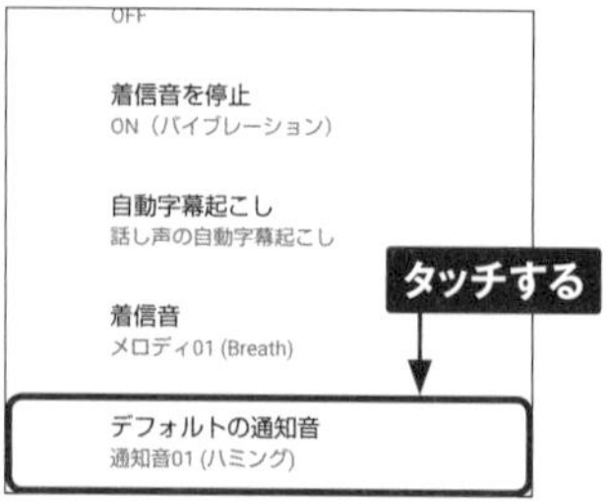

③ 通知音のリストが表示されます。好みの通知音をタッチし、<OK>をタッチすると変更完了です。

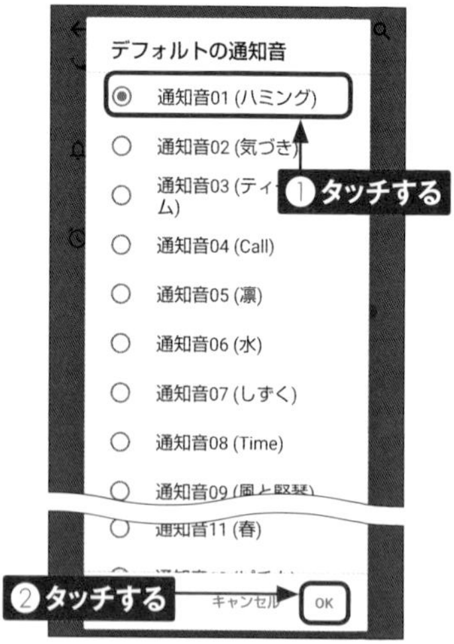

MEMO 音楽を通知音や着信音に設定する

手順③の画面で<通知の追加>をタッチすると、SH-41Aに保存されている音楽を通知音や着信音に設定することができます。

電話の着信音を変更する

1 P.20を参考に設定メニューを開いて、＜音＞をタッチします。

2 「音」画面が表示されるので、＜着信音＞をタッチします。

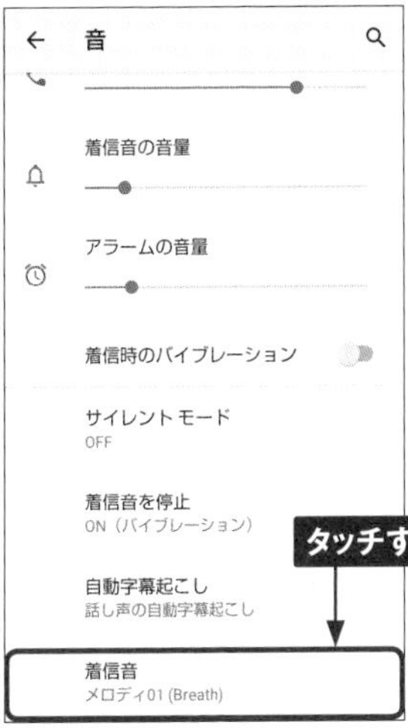

3 着信音のリストが表示されるので、着信音の中から好みの着信音を選んでタッチし、＜OK＞をタッチすると、着信音が変更されます。

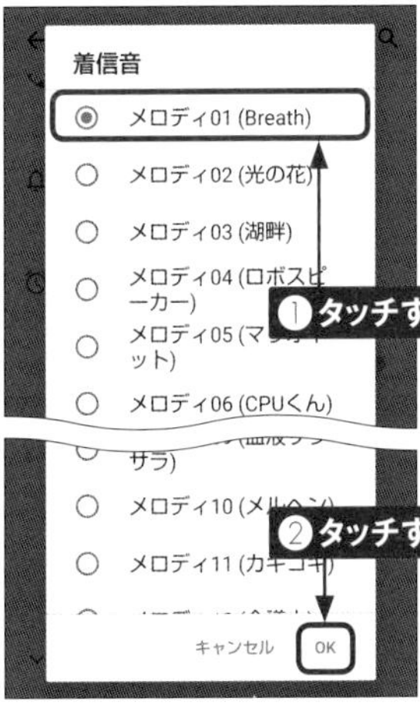

MEMO 着信音の個別設定

着信相手ごとに、着信音を変えることができます。P.56を参考に連絡先の「プロフィール」画面を表示して、画面右上の⋮→＜着信音を設定＞の順にタッチします。ここで好きな着信音をタッチして、＜OK＞をタッチすると、その連絡先からの着信音を設定できます。

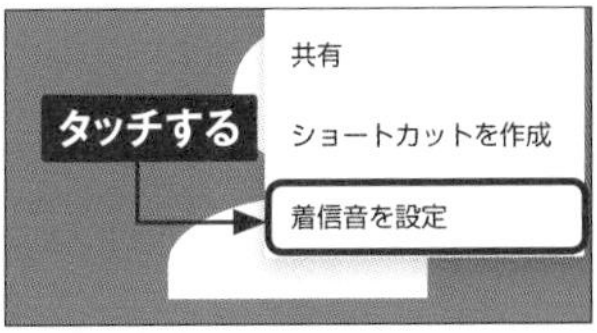

操作音やマナーモードを設定する

音量は「設定」アプリから変更できます。また、マナーモードはバイブレーションがオン／オフの2つのモードがあります。なお、マナーモード中でも、動画や音楽などの音声は消音されません。

音楽やアラームなどの音量を調節する

① P.20を参考に設定メニューを開いて、＜音＞をタッチします。

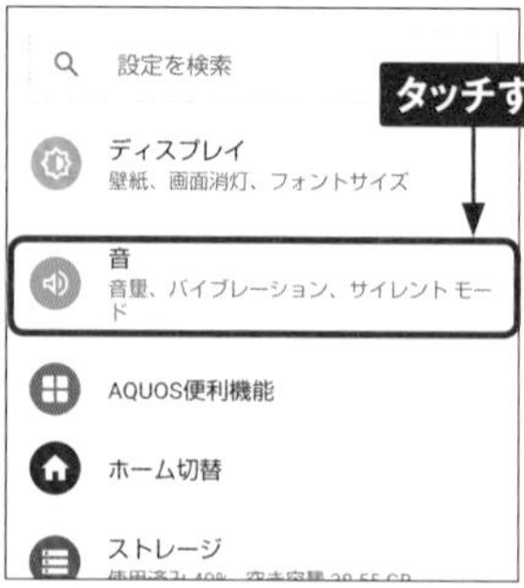

② 「音」画面が表示されます。「メディアの音量」の●を左右にドラッグして音楽や動画の音量を調節します。

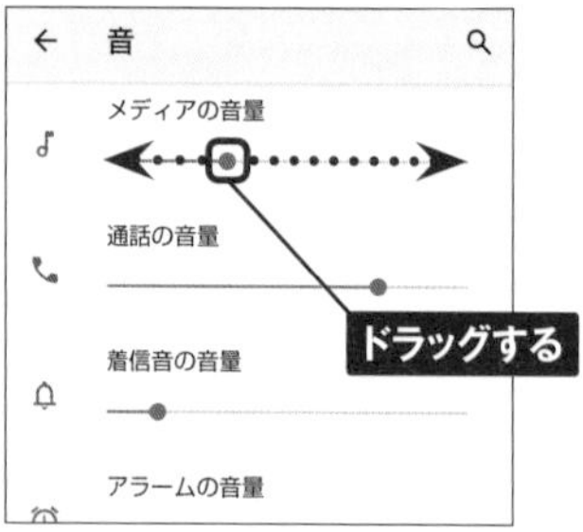

③ 手順②と同じ方法で、「着信音の音量」や「アラームの音量」も調節できます。

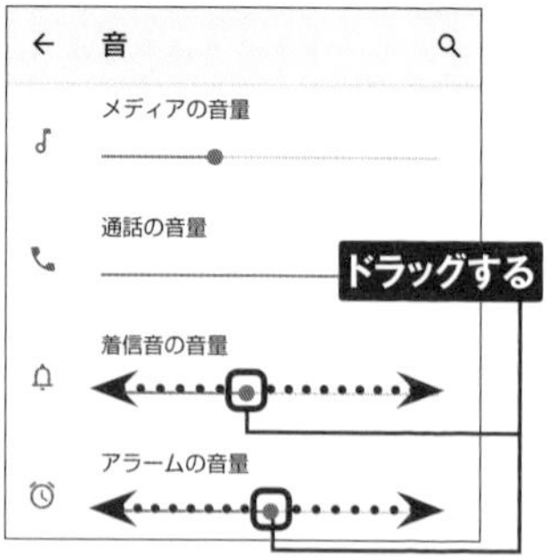

④ 画面左上の←をタッチして、設定を完了します。

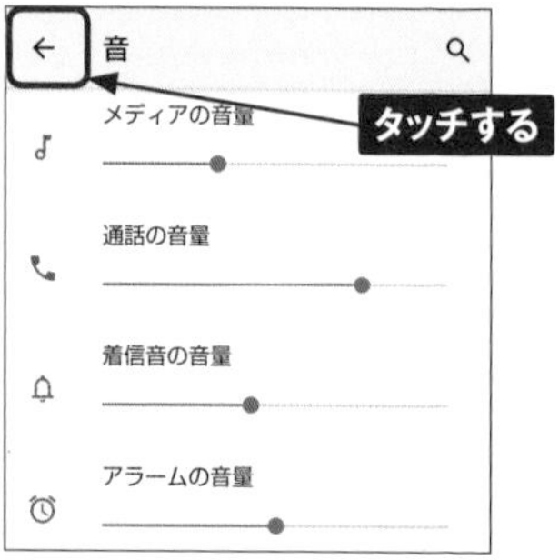

マナーモードを設定する

1 本体の右側面にある音量UP／DOWNキーを押します。

2 <マナー OFF>をタッチします。

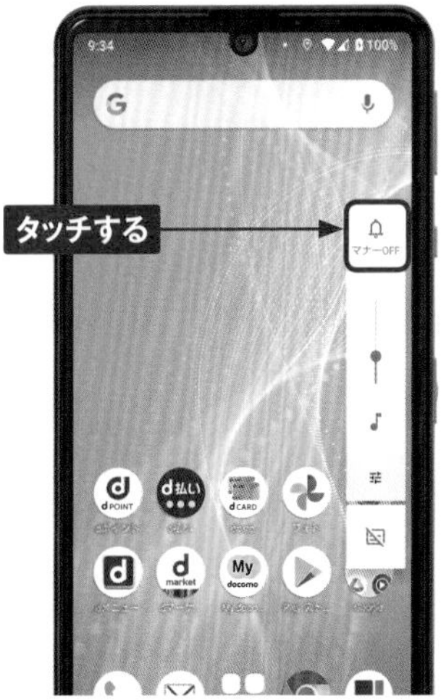

3 アイコンがになり、バイブレーションのみのマナーモードになります。<バイブ>をタッチします。

4 アイコンがになり、バイブレーションもオフになったマナーモードになります（アラームや動画、音楽は鳴ります）。<ミュート>をタッチすると「マナー OFF」に戻ります。

操作音のオン／オフを設定する

1 P.20を参考に設定メニューを開いて、＜音＞をタッチします。

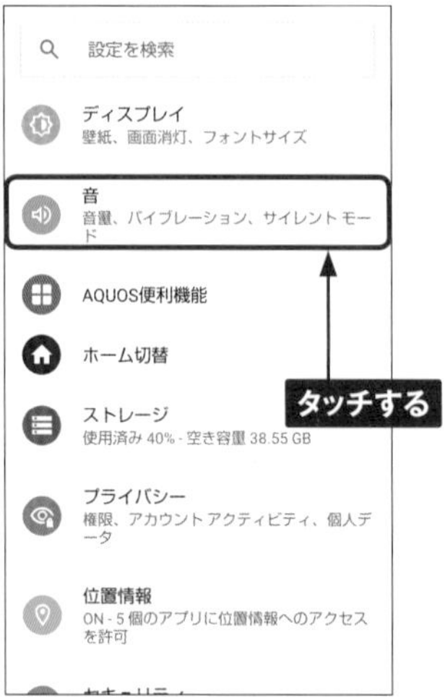

2 ＜詳細設定＞をタッチします。

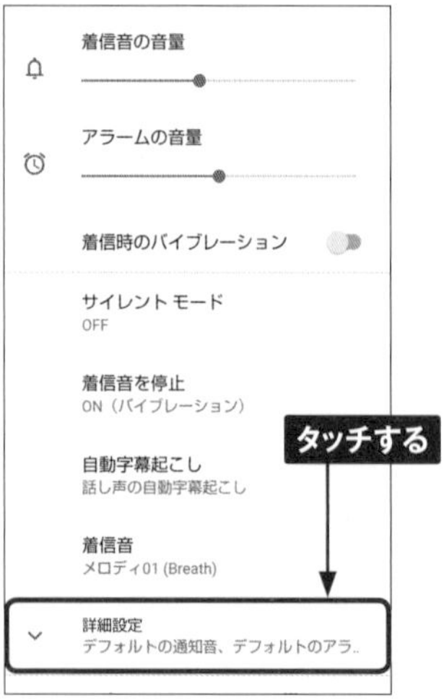

3 設定を変更したい操作音（ここでは＜ダイヤルパッドの操作音＞）をタッチします。

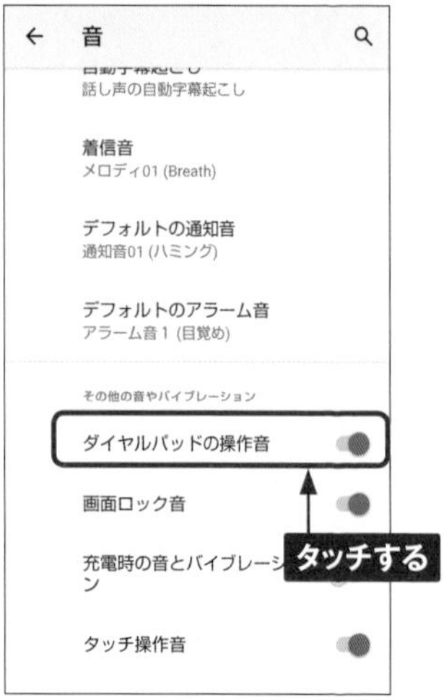

4 が になり、操作音がオフになります。同様にして、画面ロック音やタッチ操作音のオン／オフが行えます。

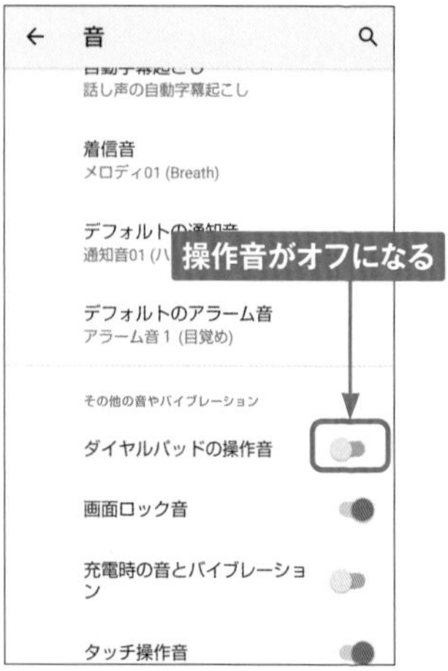

Chapter 3

インターネットとメールを利用する

Webページを閲覧する

SH-41Aでは、「Chrome」アプリでWebページを閲覧することができます。Googleアカウントでログインすることで、パソコン用の「Google Chrome」とブックマークや履歴の共有が行えます。

Webページを表示する

① ホーム画面を表示して、をタッチします。初回起動時はアカウントの確認画面が表示されるので、＜同意して続行＞をタッチし、「Chromeにログイン」画面でアカウントを選択して＜続行＞→＜OK＞の順にタッチします。

② 「Chrome」アプリが起動して、Webページが表示されます。「URL入力欄」が表示されない場合は、画面を下方向にフリックすると表示されます。

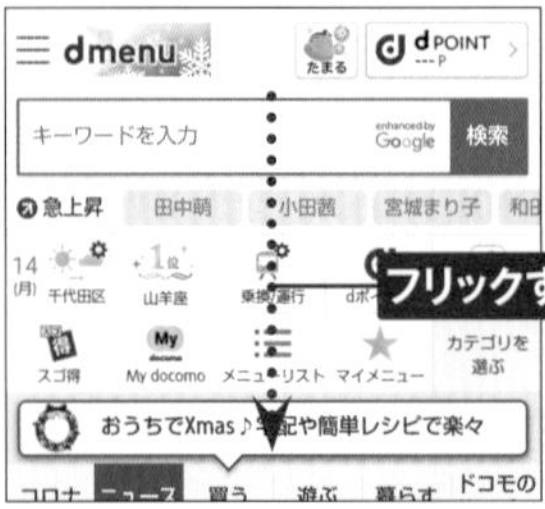

③ 「URL入力欄」をタッチし、URLを入力して、をタッチします。

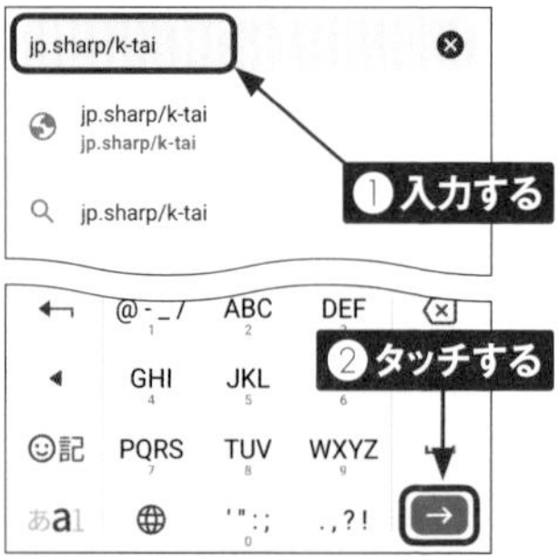

④ 入力したURLのWebページが表示されます。

Webページを移動する

① Webページの閲覧中に、リンク先のページに移動したい場合、ページ内のリンクをタッチします。

② ページが移動します。◀ をタッチすると、タッチした回数分だけページが戻ります。

③ 画面右上の ⋮ をタッチして、→ をタッチすると、前のページに進みます。

④ ⋮ をタッチして、C をタッチすると、表示しているページが更新されます。

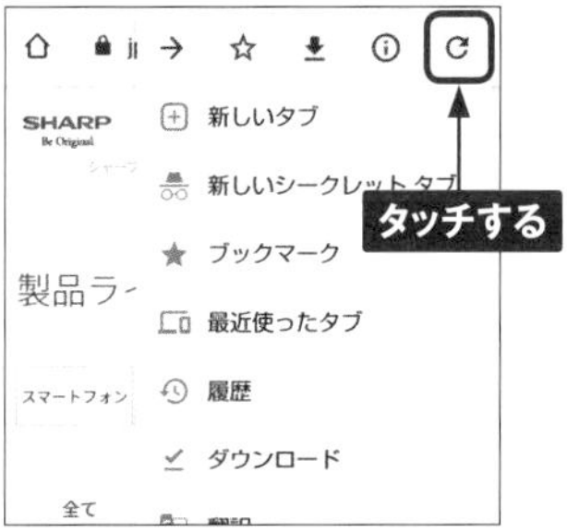

MEMO 「Chrome」アプリの更新

「Chrome」アプリの更新がある場合、手順①の画面右上の ⋮ が になっていることがあります。その場合は、 →<Chromeを更新>→<更新>の順にタッチして、「Chrome」アプリを更新しましょう。

Section 22

Webページを検索する

「Chrome」アプリの「URL入力欄」に文字列を入力すると、Google検索が利用できます。また、Webページ内の文字を選択して、Google検索を行うことも可能です。

キーワードを入力してWebページを検索する

① Webページを開いた状態で、「URL入力欄」をタッチします。

② 検索したいキーワードを入力して、→をタッチします。

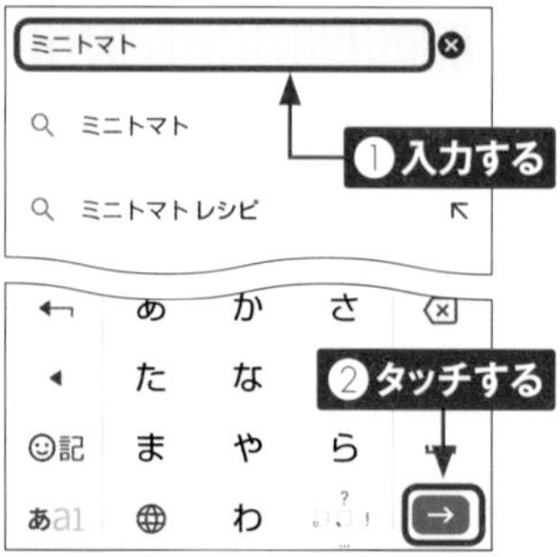

③ Google検索が実行され、検索結果が表示されるので、開きたいページのリンクをタッチします。

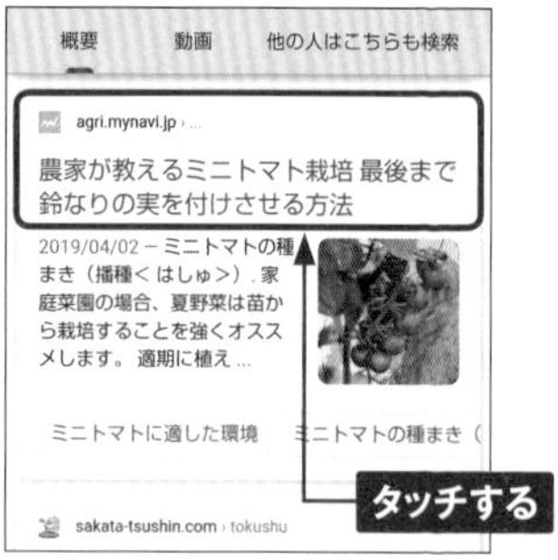

④ リンク先のページが表示されます。手順③の検索結果画面に戻る場合は、◀をタッチします。

Webページ内のキーワードを選択してWebページを検索する

① Webページ内の単語をロングタッチします。

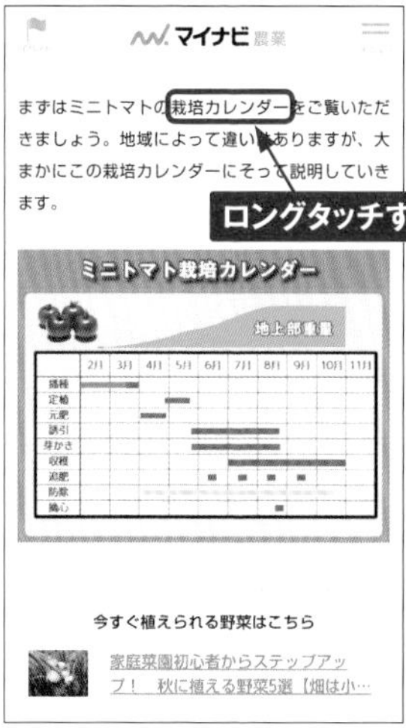
マイナビ 農業
まずはミニトマトの栽培カレンダーをご覧いただきましょう。地域によって違いはありますが、大まかにこの栽培カレンダーにそって説明していきます。
ロングタッチする
ミニトマト栽培カレンダー
地上部重量
今すぐ植えられる野菜はこちら
家庭菜園初心者からステップアップ！ 秋に植える野菜5選【畑は小…

② 単語の左右の ●● をドラッグして、検索ワードを選択します。画面下部に表示された検索ワードをタッチします。

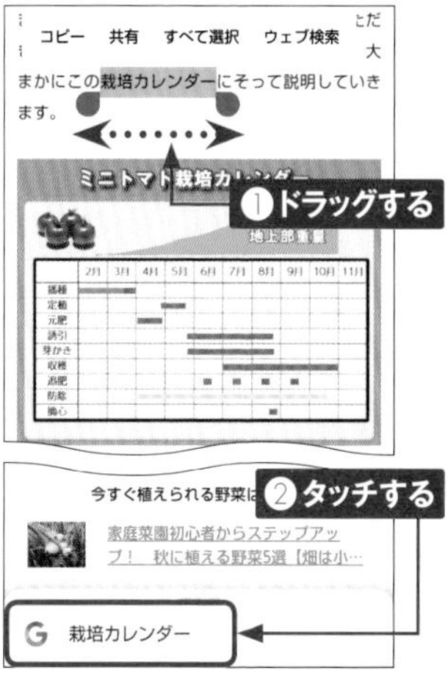
コピー　共有　すべて選択　ウェブ検索
まかにこの栽培カレンダーにそって説明していきます。
①ドラッグする
ミニトマト栽培カレンダー
地上部重量
今すぐ植えられる野菜は
②タッチする
家庭菜園初心者からステップアップ！ 秋に植える野菜5選【畑は小…
栽培カレンダー

③ 検索結果が表示されます。上下にスライドしてリンクをタッチすると、リンク先のページが表示されます。

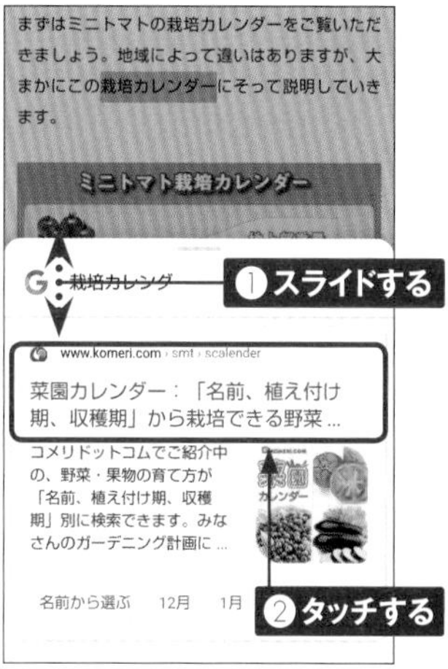
まずはミニトマトの栽培カレンダーをご覧いただきましょう。地域によって違いはありますが、大まかにこの栽培カレンダーにそって説明していきます。
ミニトマト栽培カレンダー
栽培カレンダ
①スライドする
www.komeri.com › smt › scalender
菜園カレンダー：「名前、植え付け期、収穫期」から栽培できる野菜…
コメリドットコムでご紹介中の、野菜・果物の育て方が「名前、植え付け期、収穫期」別に検索できます。みなさんのガーデニング計画に…
名前から選ぶ　12月　1月
②タッチする

MEMO ページ内検索

「Chrome」アプリでWebページを表示し、⋮→<ページ内検索>の順にタッチします。表示される検索バーにテキストを入力すると、ページ内の合致したテキストがハイライト表示されます。

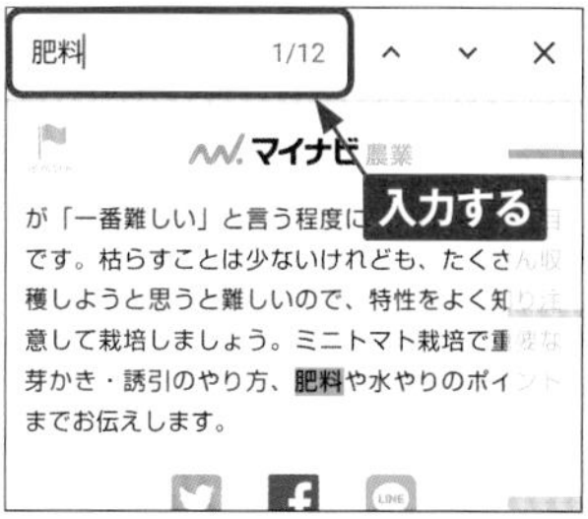
肥料
1/12
マイナビ 農業
入力する
が「一番難しい」と言う程度に
です。枯らすことは少ないけれども、たくさん収穫しようと思うと難しいので、特性をよく知り注意して栽培しましょう。ミニトマト栽培で重要な芽かき・誘引のやり方、肥料や水やりのポイントまでお伝えします。

3

Section 23

複数のWebページを同時に開く

「Chrome」アプリでは、複数のWebページをタブを切り替えて同時に開くことができます。複数のページを交互に参照したいときや、常に表示しておきたいページがあるときに利用すると便利です。

Webページを新しいタブで開く

① 「URL入力欄」を表示して ⋮ をタッチします。

② ＜新しいタブ＞をタッチします。

③ 新しいタブが表示されます。

MEMO リンクを新しいタブで開くには

ページ内のリンクをロングタッチし、＜新しいタブで開く＞をタッチすると、リンク先のWebページが新しいタブで開きます。

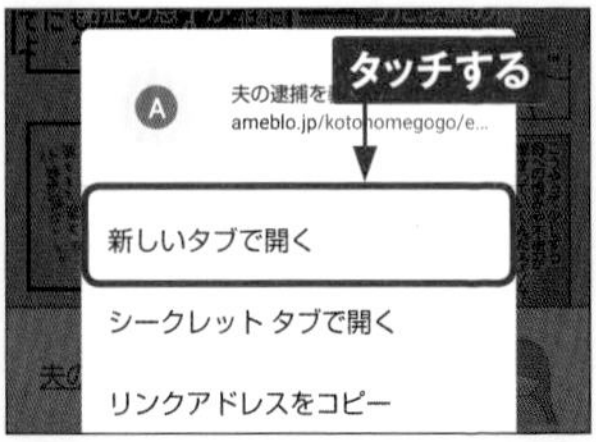

3

表示するタブを切り替える

① 複数のタブを開いた状態でタブ切り替えアイコンをタッチします。

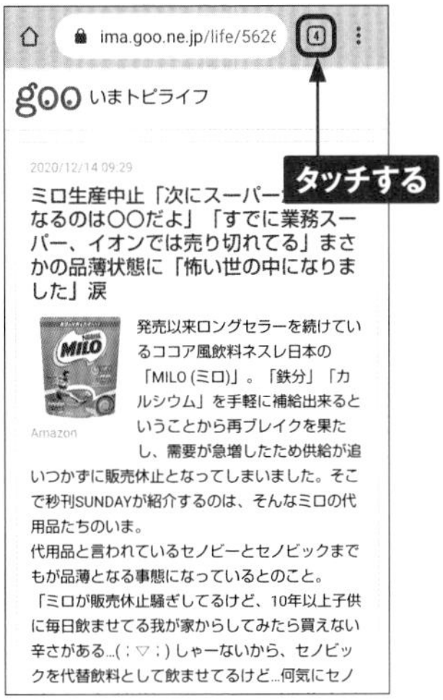

② 現在開いているタブの一覧が表示されるので、上下にスライドして表示したいタブをタッチします。

③ 表示するタブが切り替わります。

MEMO タブを閉じるには

不要なタブを閉じたいときは、手順②の画面で、閉じたいタブの⊗をタッチします。

Section 24

ブックマークを利用する

「Chrome」アプリでは、WebページのURLを「ブックマーク」に追加し、好きなときにすぐに表示することができます。よく閲覧するWebページはブックマークに追加しておくと便利です。

ブックマークを追加する

① ブックマークに追加したいWebページを表示して、⋮をタッチします。

② ☆をタッチします。

③ ブックマークが追加されます。<編集>をタッチします。

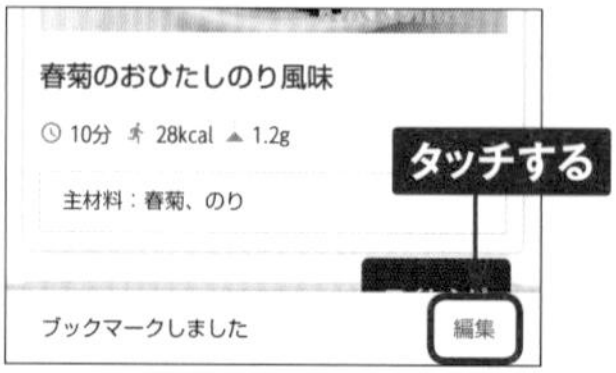

④ 名前や保存先のフォルダなどを編集し、←をタッチします。

MEMO

ホーム画面にショートカットを配置するには

手順②の画面で<ホーム画面に追加>をタッチすると、表示しているWebページをホーム画面にショートカットとして配置できます。

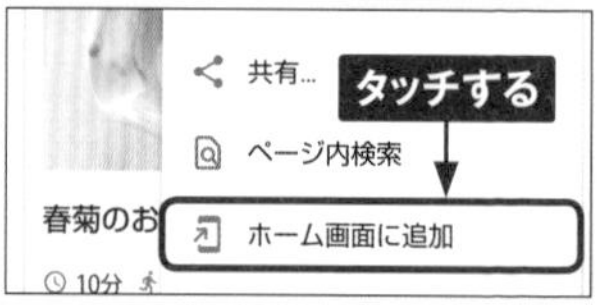

ブックマークからWebページを表示する

① 「Chrome」アプリを起動し、「URL入力欄」を表示して、⋮をタッチします。

② ＜ブックマーク＞をタッチします。

③ 「ブックマーク」画面が表示されるので、閲覧したいブックマークをタッチします。

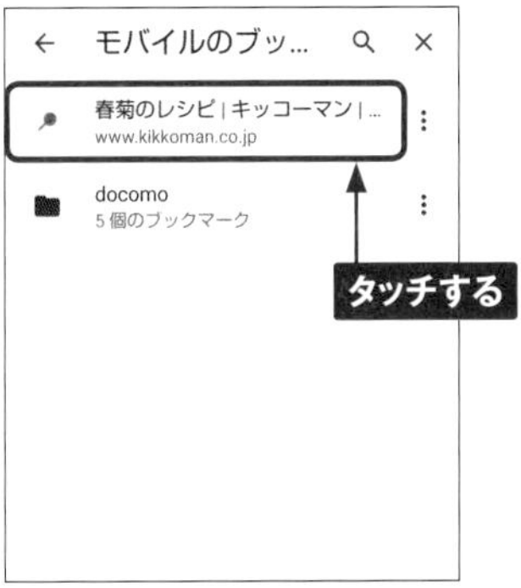

④ ブックマークに追加したWebページが表示されます。

MEMO ブックマークの削除

手順③の画面で削除したいブックマークの⋮をタッチし、＜削除＞をタッチすると、ブックマークを削除できます。

Section 25

SH-41Aで使えるメールの種類

SH-41Aでは、ドコモメール（@docomo.ne.jp）やSMS、＋メッセージを利用できるほか、GmailおよびYahoo!メールなどのパソコンのメールも使えます。

ドコモメール

NTTドコモの提供するメールです。「@docomo.ne.jp」のアドレスが使えます。iモードと同じアドレスが使用可能です。

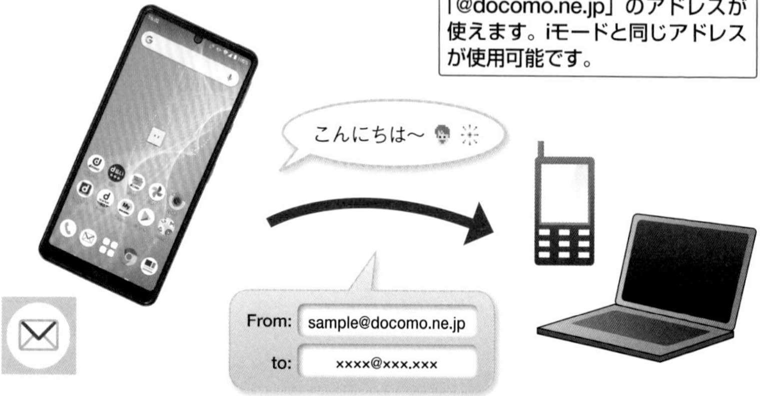

SMSと＋メッセージ

相手の携帯電話番号宛にメッセージを送信します。従来のSMSとそれを拡張した＋メッセージ（P.75 MEMO参照）を利用できます。

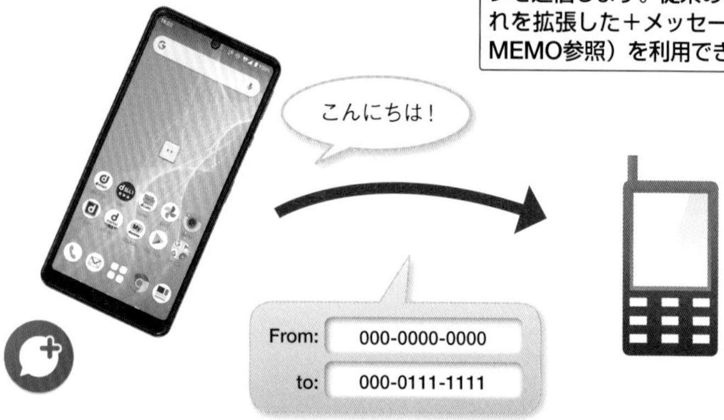

Gmail

Googleが提供するメールです。SH-41AにGoogleアカウントを設定すればすぐに利用できます。
こんにちは～
From: sample@gmail.com
to: xxxx@xxx.xxx

PCメール

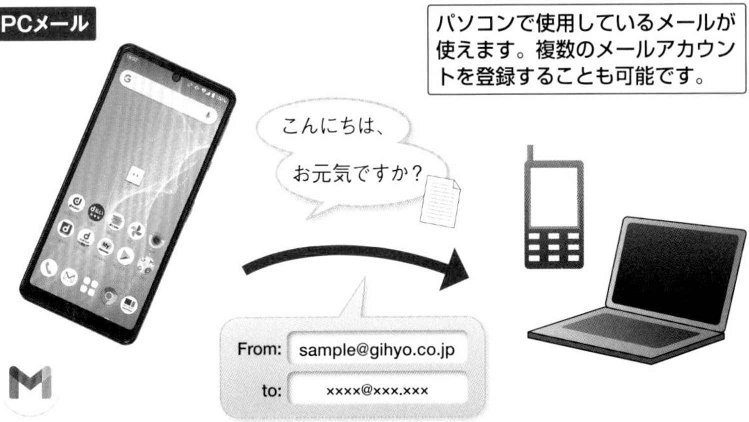
パソコンで使用しているメールが使えます。複数のメールアカウントを登録することも可能です。
こんにちは、お元気ですか？
From: sample@gihyo.co.jp
to: xxxx@xxx.xxx

MEMO +メッセージについて

+メッセージは、従来のSMSを拡張したものです。宛先に相手の携帯電話番号を指定するのはSMSと同じですが、文字だけしか送信できないSMSと異なり、スタンプや写真、動画などを送ることができます。ただし、SMSは相手を問わず利用できるのに対し、+メッセージは、相手も+メッセージを利用している場合のみやり取りが行えます。相手が+メッセージを利用していない場合は、SMSとしてテキスト文のみが送信されます。+メッセージは、NTTドコモ、au、ソフトバンクのAndroidスマートフォンとiPhoneで利用できます。

Section 26

Application

ドコモメールを設定する

SH-41Aでは「ドコモメール」を利用できます。ここでは、ドコモメールの初期設定方法を解説します。なお、ドコモショップなどで、すでに設定を行っている場合は、ここでの操作は必要ありません。

ドコモメールの利用を開始する

① ホーム画面で✉をタッチします。「ドコモメール」アプリがインストールされていない場合は、＜Chromeで開く＞→＜1回のみ＞の順にタッチし、＜ダウンロード＞もしくは＜アップデート＞をタッチしてインストールを行い、アプリを起動します。

タッチする

② アクセスの許可が求められるので、＜次へ＞をタッチします。

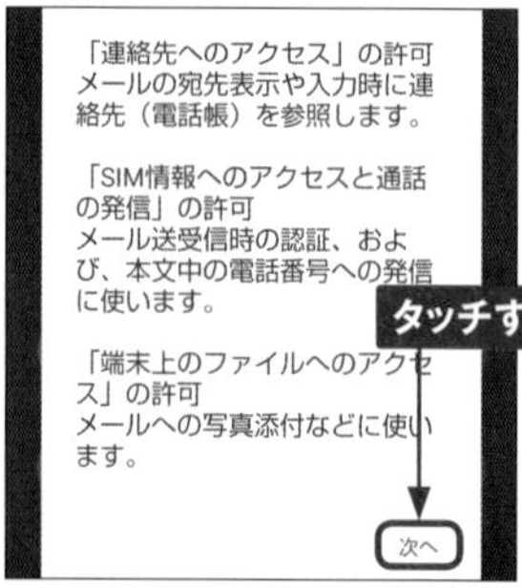
「連絡先へのアクセス」の許可
メールの宛先表示や入力時に連絡先（電話帳）を参照します。
「SIM情報へのアクセスと通話の発信」の許可
メール送受信時の認証、および、本文中の電話番号への発信に使います。
「端末上のファイルへのアクセス」の許可
メールへの写真添付などに使います。
タッチする
次へ

③ ＜許可＞を3回タッチして進みます。

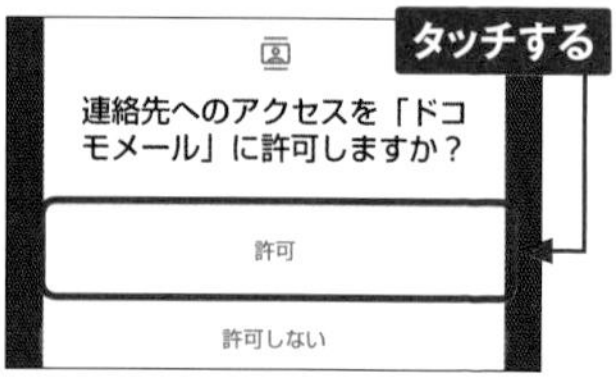
タッチする
連絡先へのアクセスを「ドコモメール」に許可しますか？
許可
許可しない

④ 「アプリケーションプライバシーポリシー」を上方向にスライドして内容を確認し、＜アプリケーションプライバシーポリシーと使用許諾の内容に同意する＞にチェックが付いていない場合はタッチしてチェックを付け、＜利用開始＞をタッチします。

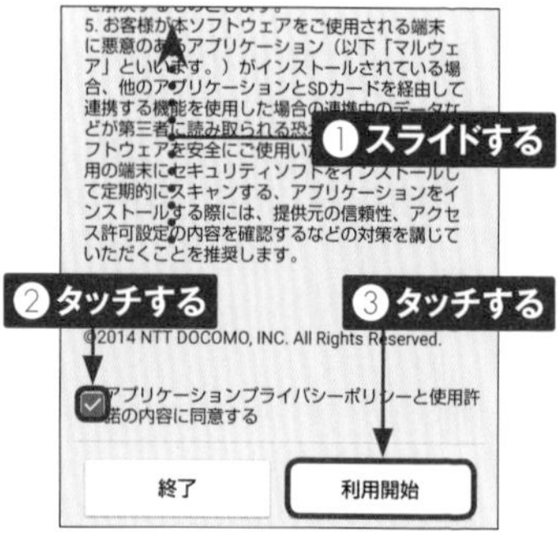
5. お客様が本ソフトウェアをご使用される端末に悪意のあるアプリケーション（以下「マルウェア」といいます。）がインストールされている場合、他のアプリケーションとSDカードを経由して連携する機能を使用した場合の
どが第三者に読み取られる恐
フトウェアを安全にご使用い
用の端末にセキュリティソフト
て定期的にスキャンする、アプリケーションをインストールする際には、提供元の信頼性、アクセス許可設定の内容を確認するなどの対策を講じていただくことを推奨します。
①スライドする
②タッチする
③タッチする
©2014 NTT DOCOMO, INC. All Rights Reserved.
アプリケーションプライバシーポリシーと使用許諾の内容に同意する
終了
利用開始

⑤ 「メッセージS利用許諾」画面で＜許諾内容に同意する＞にチェックを付けて、＜利用開始＞をタッチします。

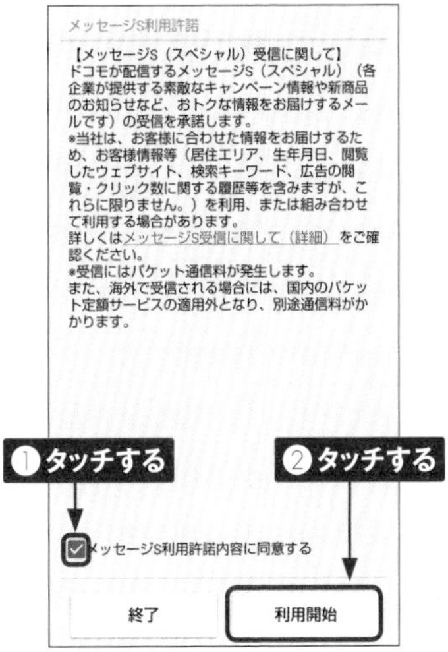

メッセージS利用許諾
【メッセージS（スペシャル）受信に関して】
ドコモが配信するメッセージS（スペシャル）（各企業が提供する素敵なキャンペーン情報や新商品のお知らせなど、おトクな情報をお届けするメールです）の受信を承諾します。
※当社は、お客様に合わせた情報をお届けするため、お客様情報等（居住エリア、生年月日、閲覧したウェブサイト、検索キーワード、広告の閲覧・クリック数に関する履歴等を含みますが、これらに限りません。）を利用、または組み合わせて利用する場合があります。
詳しくはメッセージS受信に関して（詳細）をご確認ください。
※受信にはパケット通信料が発生します。
また、海外で受信される場合には、国内のパケット定額サービスの適用外となり、別途通信料がかかります。
①タッチする
②タッチする
メッセージS利用許諾内容に同意する
終了
利用開始

⑥ 「ドコモメールアプリ更新情報」画面が表示されたら、＜閉じる＞をタッチします。

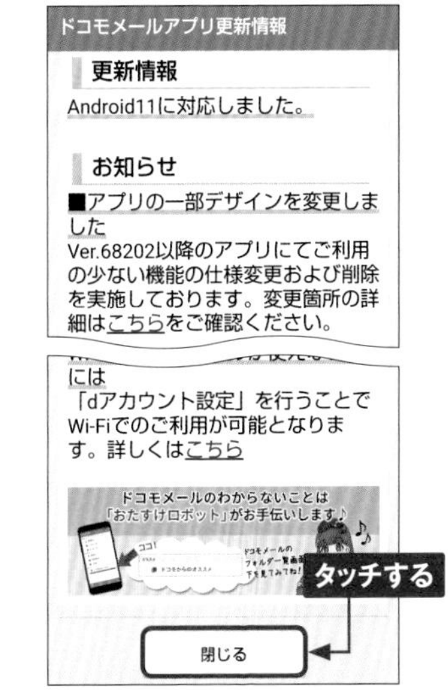

ドコモメールアプリ更新情報
更新情報
Android11に対応しました。
お知らせ
■アプリの一部デザインを変更しました
Ver.68202以降のアプリにてご利用の少ない機能の仕様変更および削除を実施しております。変更箇所の詳細はこちらをご確認ください。
には
「dアカウント設定」を行うことでWi-Fiでのご利用が可能となります。詳しくはこちら
ドコモメールのわからないことは
「おたすけロボット」がお手伝いします♪
タッチする
閉じる

⑦ 「文字サイズ設定」画面が表示されたら、使用したい文字サイズをタッチし、＜OK＞をタッチします。

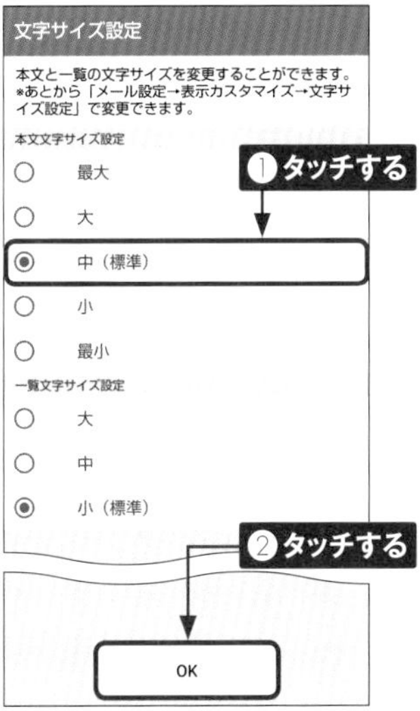

文字サイズ設定
本文と一覧の文字サイズを変更することができます。
※あとから「メール設定→表示カスタマイズ→文字サイズ設定」で変更できます。
本文文字サイズ設定
最大
大
中（標準）
小
最小
一覧文字サイズ設定
大
中
小（標準）
①タッチする
②タッチする
OK

⑧ 「フォルダ一覧」画面が表示され、ドコモメールが利用できるようになります。次回からは、P.76手順①でをタッチするだけでこの画面が表示されます。

フォルダ一覧
tp0kczhzeehhfnww8pnn@docomo.ne.jp
受信メール
受信BOX
メッセージR
メッセージS
その他のメール
送信BOX
未送信BOX
ごみ箱
オススメ
ドコモからのオススメ

ドコモメールのアドレスを変更する

1 新規契約の場合など、メールアドレスを変更したい場合は、ホーム画面でをタッチします。

2 「フォルダ一覧」画面が表示されます。画面右下の<その他>をタッチします。

3 <メール設定>をタッチします。

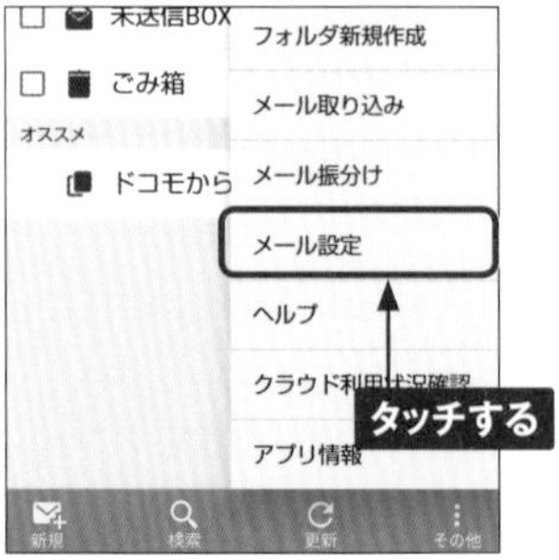

4 <ドコモメール設定サイト>をタッチします。

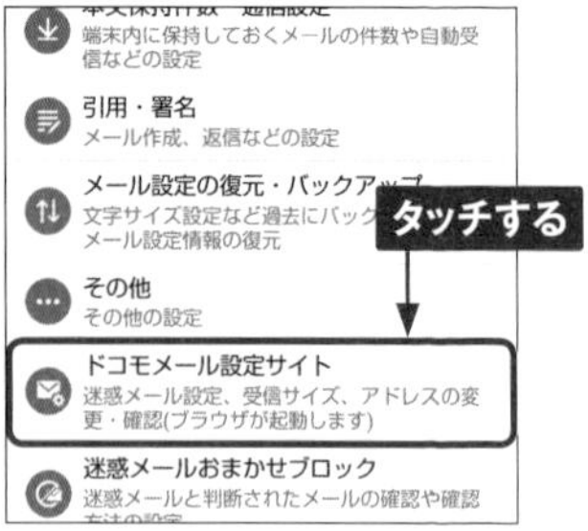

5 アカウントの確認画面が表示されたら、dアカウントのIDとパスワードを入力して、<ログイン>をタッチします。

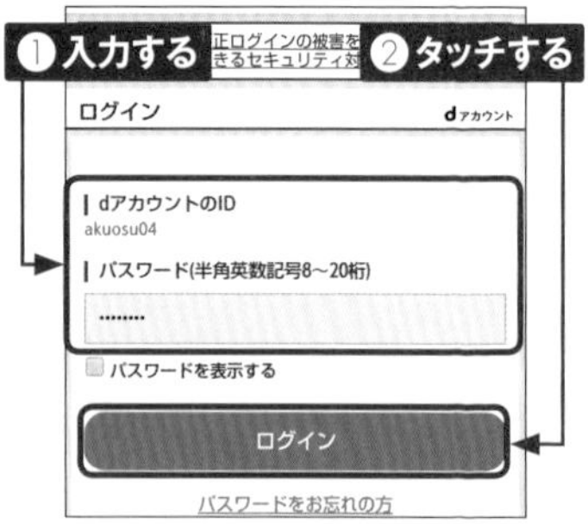

6 「メール設定」画面で画面を上方向にスライドして、<メールアドレスの変更>をタッチします。

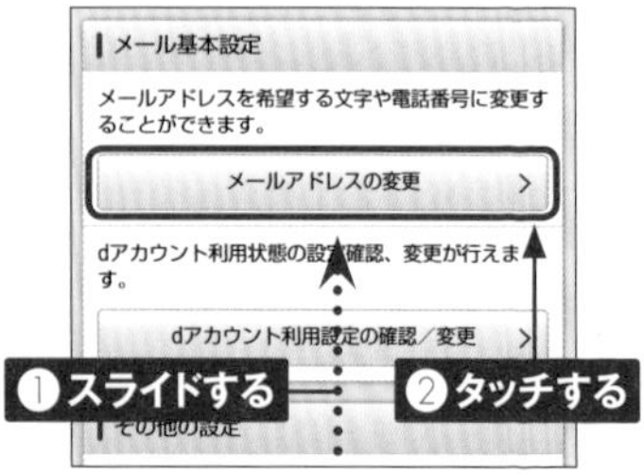

⑦ 画面を上方向にスライドして、メールアドレスの変更方法をタッチして選択します。ここでは＜自分で希望するアドレスに変更する＞をタッチします。

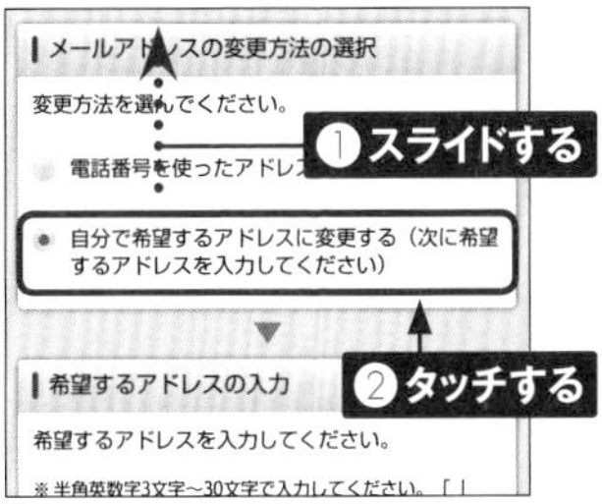

⑧ 画面を上方向にスライドして、希望するメールアドレスを入力し、＜確認する＞をタッチします。

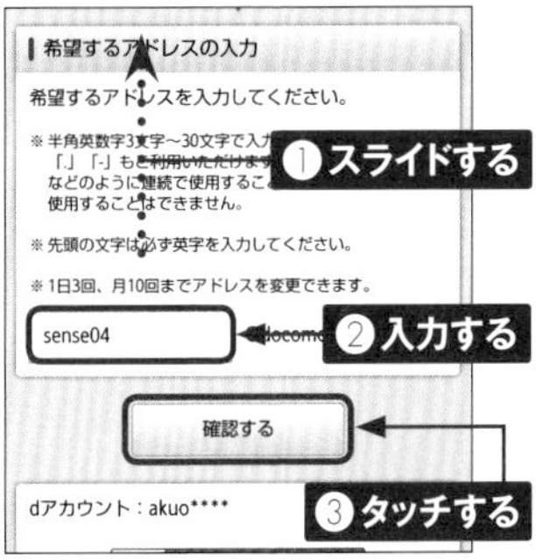

⑨ ＜設定を確定する＞をタッチします。なお、＜修正する＞をタッチすると、手順⑧の画面でアドレスを修正して入力できます。

⑩ ＜メール設定トップへ＞をタッチすると、「メール設定」画面に戻ります。この画面で迷惑メール対策などが設定できます（Sec.29参照）。設定が必要なければホーム画面に戻ります。

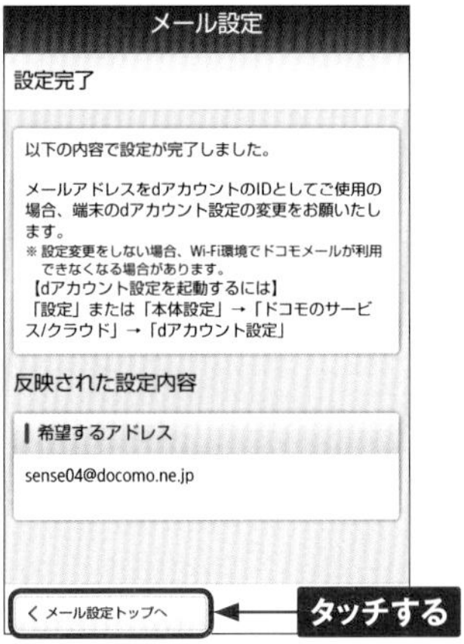

MEMO メールアドレスを引き継ぐには

すでに利用しているdocomo.ne.jpのメールアドレスがある場合は、同じメールアドレスを引き続き使用することができます。P.78手順①～⑤を参考に「メール設定」画面を表示し、＜メールアドレスの入替え＞をタッチして、画面の表示に従って設定を進めましょう。

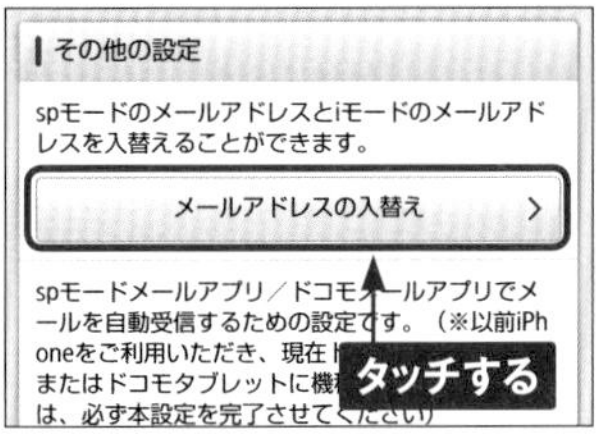

3

Section 27

ドコモメールを利用する

P.78 ～ 79で変更したメールアドレスで、ドコモメールを使ってみましょう。ほかの携帯電話とほとんど同じ感覚で、メールの閲覧や返信、新規作成が行えます。

ドコモメールを新規作成する

1 ホーム画面でをタッチします。

2 「フォルダ一覧」画面左下の＜新規＞をタッチします。「フォルダ一覧」画面が表示されていないときは、くを何度かタッチします。

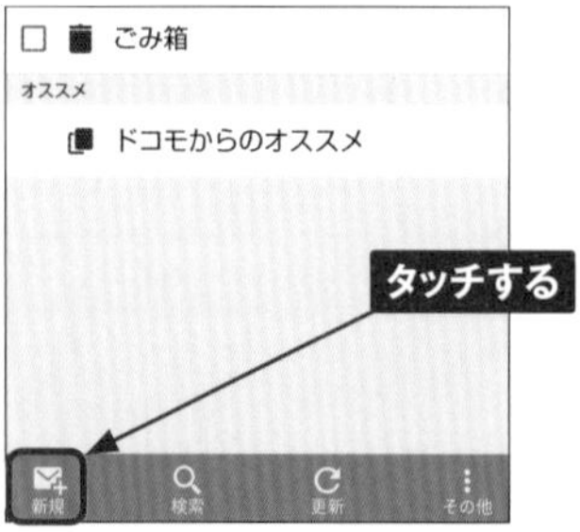

3 新規メールの「作成」画面が表示されるので、をタッチします。「To」欄に直接メールアドレスを入力することもできます。

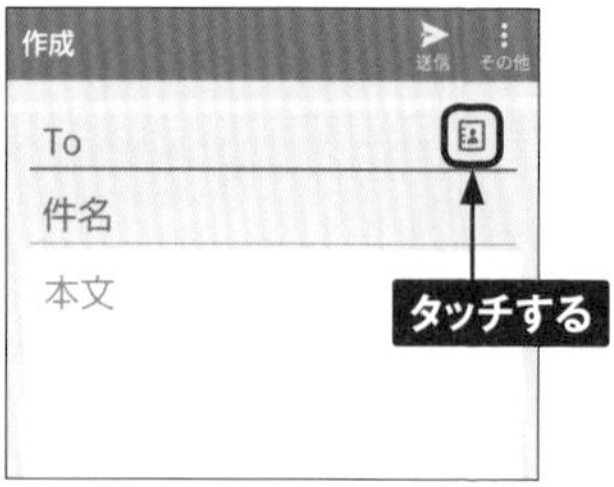

4 電話帳に登録した連絡先のアドレスが名前順に表示されるので、送信したい宛先をタッチしてチェックを付け、＜決定＞をタッチします。履歴から宛先を選ぶこともできます。

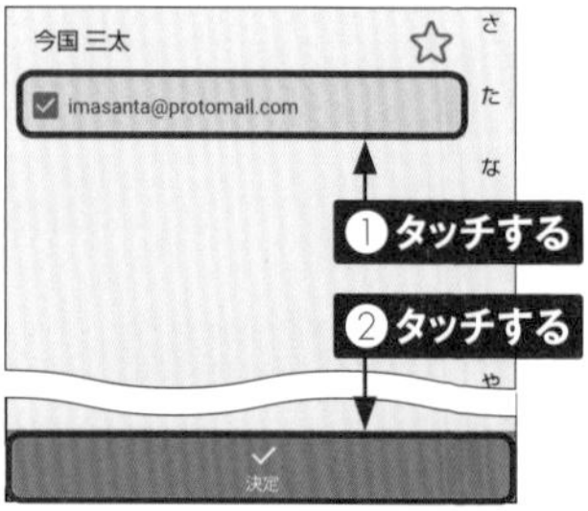

5 「件名」欄をタッチして、タイトルを入力し、「本文」欄をタッチします。

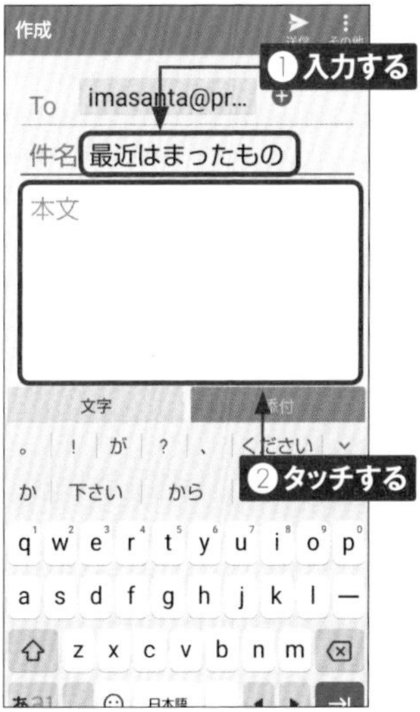

6 メールの本文を入力します。

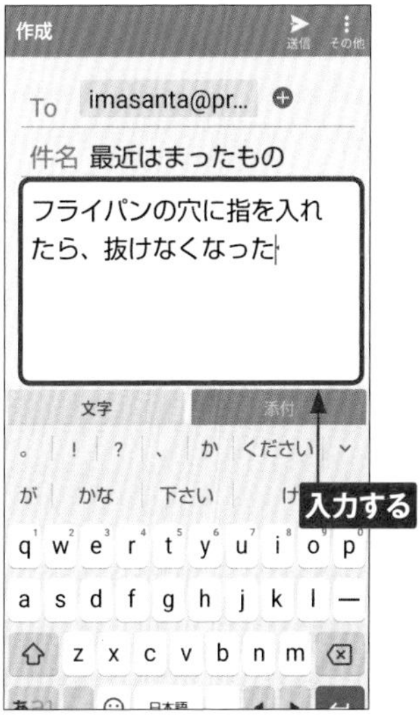

7 <送信>をタッチすると、メールを送信できます。なお、<添付>をタッチすると、写真などのファイルを添付できます。

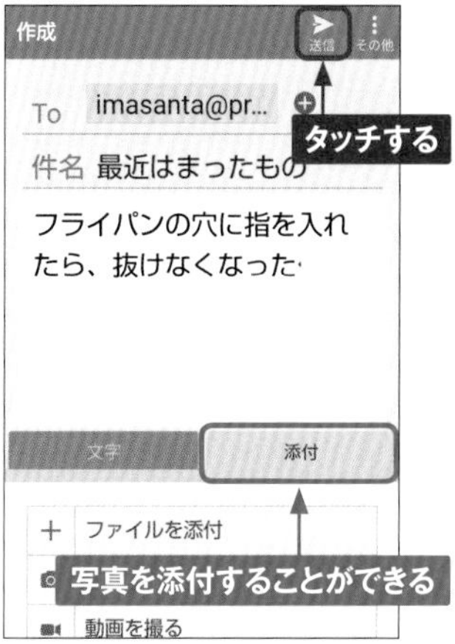

MEMO

文字サイズの変更

ドコモメールでは、メール本文や一覧表示時の文字サイズを変更することができます。P.80手順②で画面右下の<その他>をタッチし、<メール設定>→<表示カスタマイズ>→<文字サイズ設定>の順にタッチし、好みの文字サイズをタッチします。

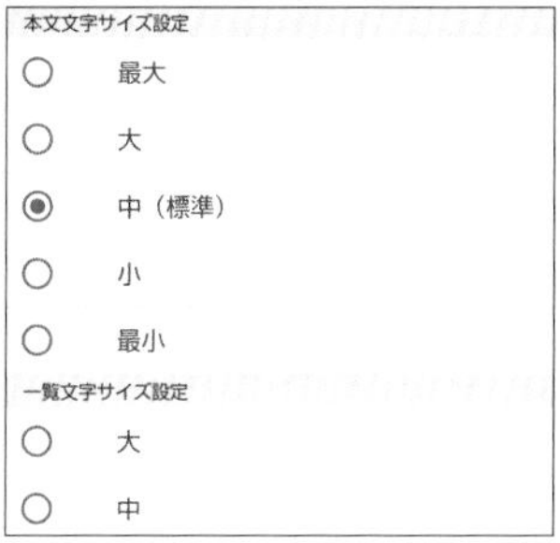

3

受信したメールを閲覧する

① メールを受信すると通知が表示されるので、をタッチします。

② 「フォルダ一覧」画面が表示されたら、<受信BOX>をタッチします。

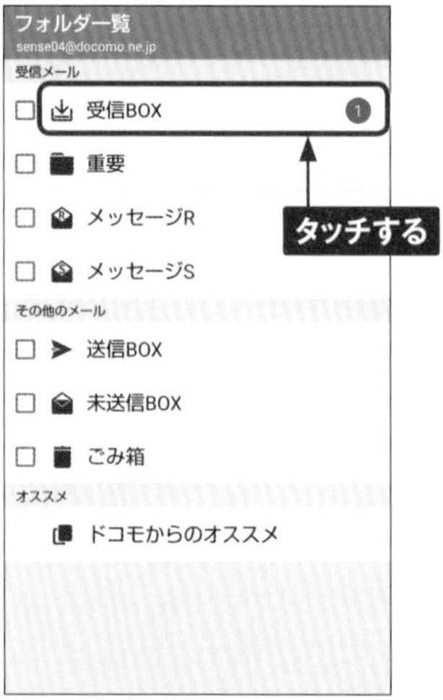

③ 受信したメールの一覧が表示されます。内容を閲覧したいメールをタッチします。

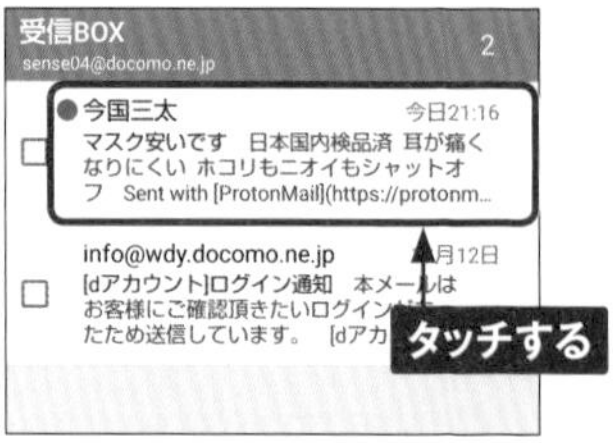

④ メールの内容が表示されます。宛先横のをタッチすると、宛先のアドレスと件名が表示されます。

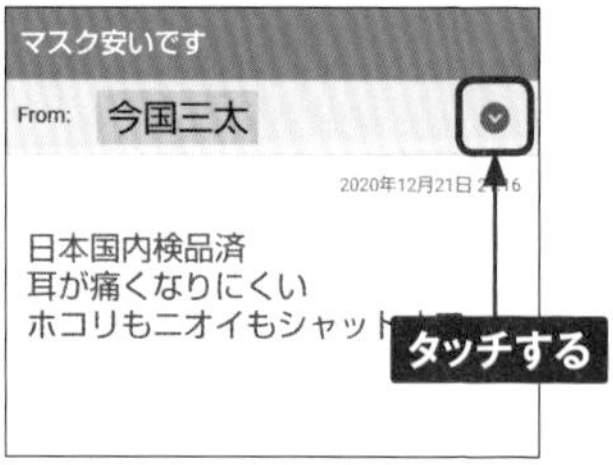

MEMO

メールの削除

「受信BOX」画面で削除したいメールの左にある□をタッチしてチェックを付け、画面下部のメニューから<削除>をタッチすると、メールを削除できます。

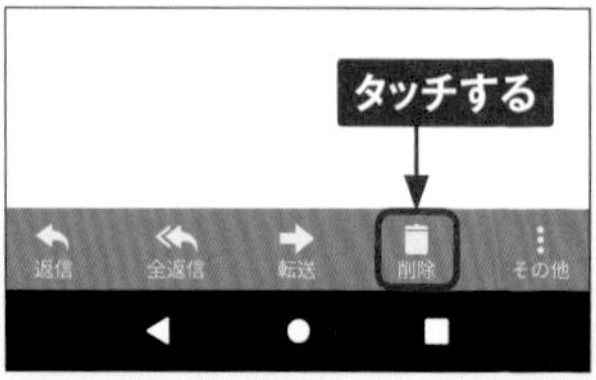

3

受信したメールに返信する

1 P.82を参考に受信したメールを表示し、画面左下の<返信>をタッチします。

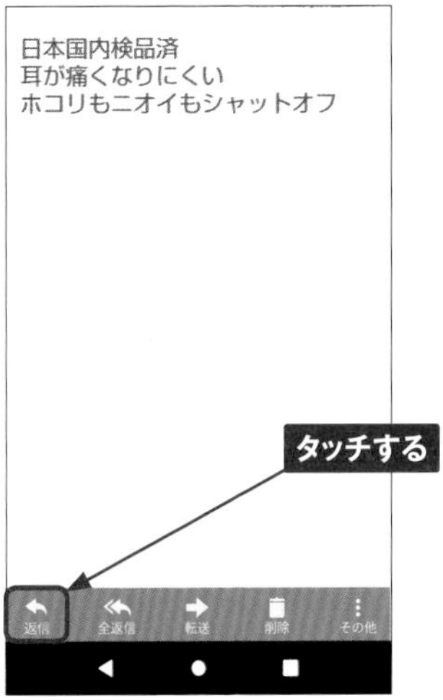

2 「作成」画面が表示されるので、相手に返信する本文を入力します。

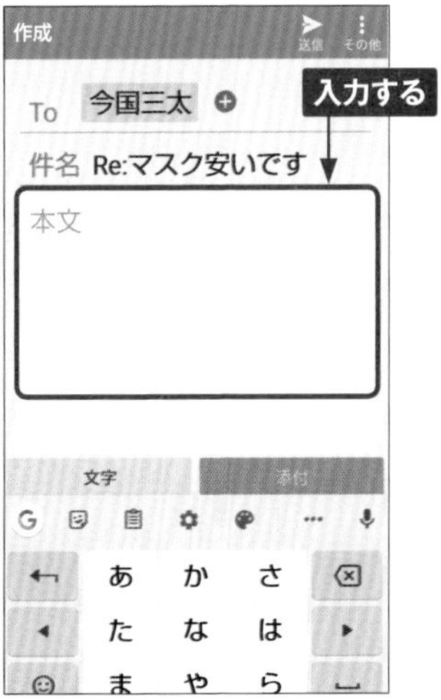

3 <送信>をタッチすると、メールの返信が行えます。

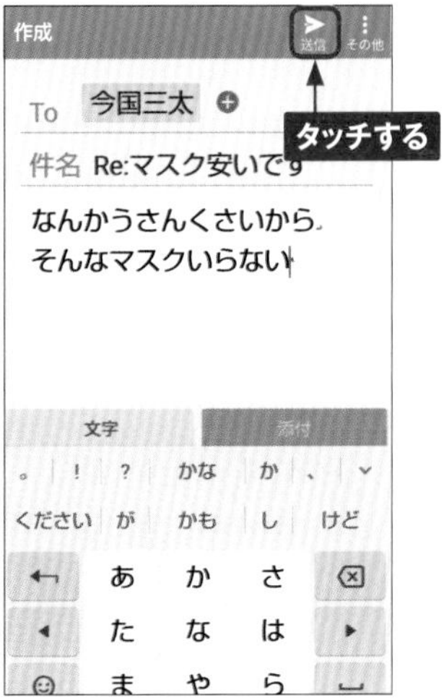

MEMO フォルダの作成

ドコモメールではフォルダでメールを管理できます。フォルダを作成するには、「フォルダ一覧」画面で画面右下の<その他>→<フォルダ新規作成>の順にタッチします。

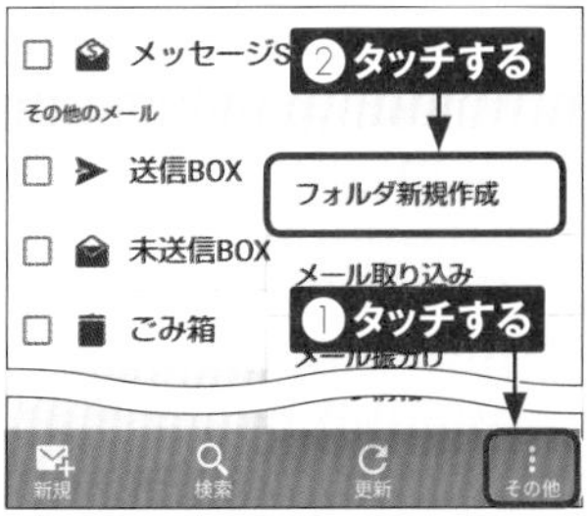

Section 28

メールを自動振分けする

ドコモメールは、送受信したメールを自動的に任意のフォルダへ振分けることも可能です。ここでは、振分けのルールの作成手順を解説します。

振分けルールを作成する

① 「フォルダ一覧」画面で画面右下の<その他>をタッチし、<メール振分け>をタッチします。

② 「振分けルール」画面が表示されるので、<新規ルール>をタッチします。

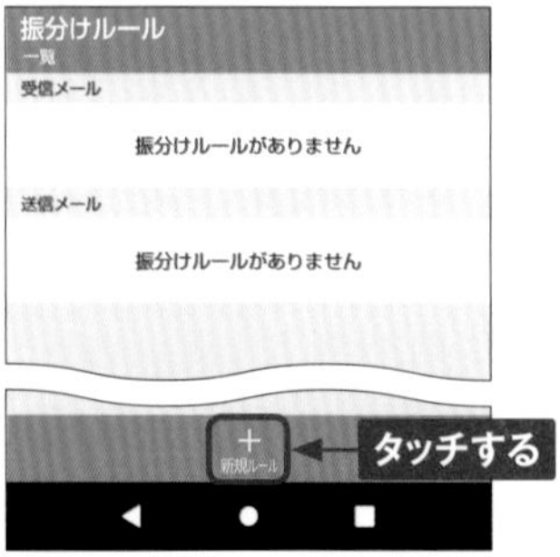

③ <受信メール>または<送信メール>（ここでは<受信メール>）をタッチします。

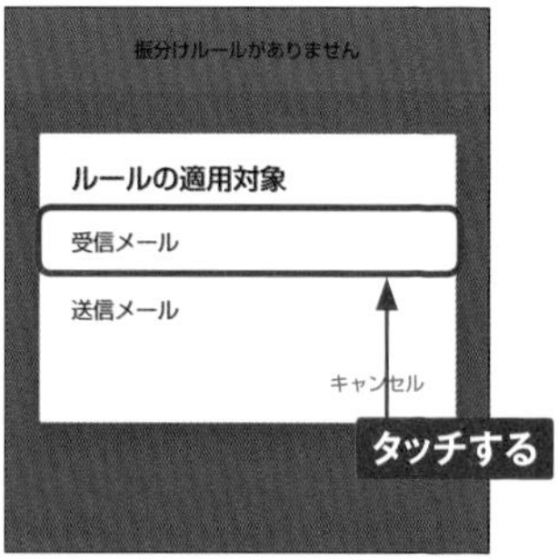

MEMO　振分けルールの作成

ここでは、「『件名』に『重要』というキーワードが含まれるメールを受信したら、自動的に『重要』フォルダに移動させる」という振分けルールを作成しています。なお、手順③で<送信メール>をタッチすると、送信したメールの振分けルールを作成できます。

4 「振分け条件」の＜新しい条件を追加する＞をタッチします。

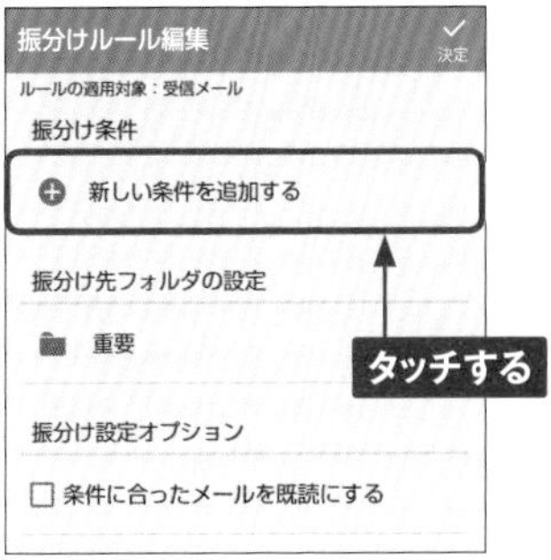

5 振分けの条件を設定します。「対象項目」のいずれか（ここでは、＜件名で振り分ける＞）をタッチします。

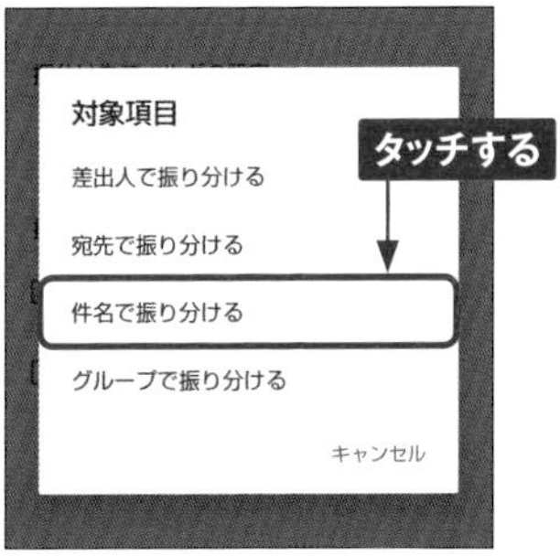

6 任意のキーワード（ここでは「重要」）を入力して、＜決定＞をタッチします。

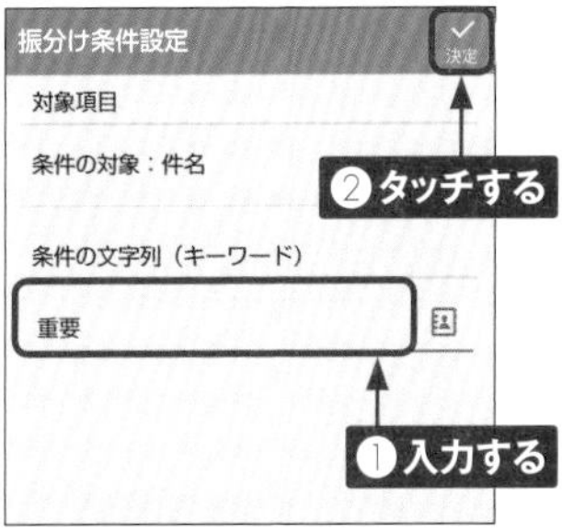

7 手順④の画面に戻るので＜フォルダ指定なし＞をタッチし、＜振分け先フォルダを作る＞をタッチします。

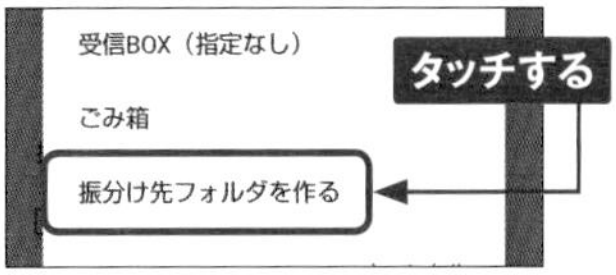

8 フォルダ名を入力し、＜決定＞をタッチします。「確認」画面が表示されたら、＜OK＞をタッチします。

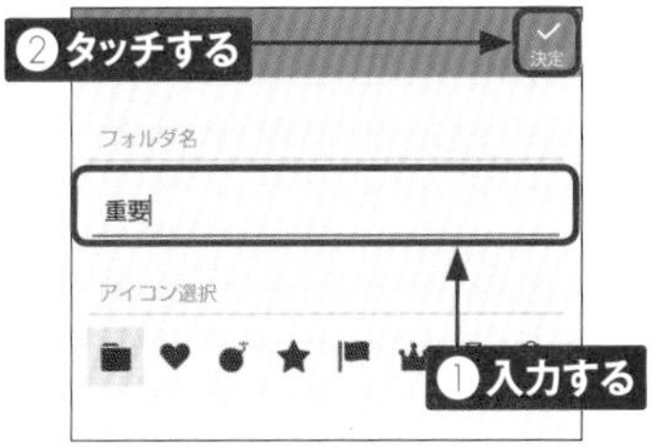

9 ＜決定＞をタッチします。「振分け」画面が表示されたら、＜はい＞をタッチします。

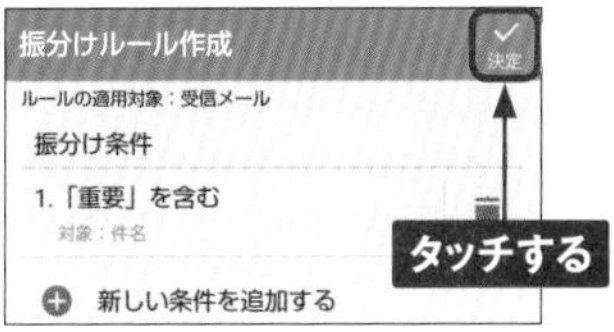

10 振分けルールが新規登録されます。

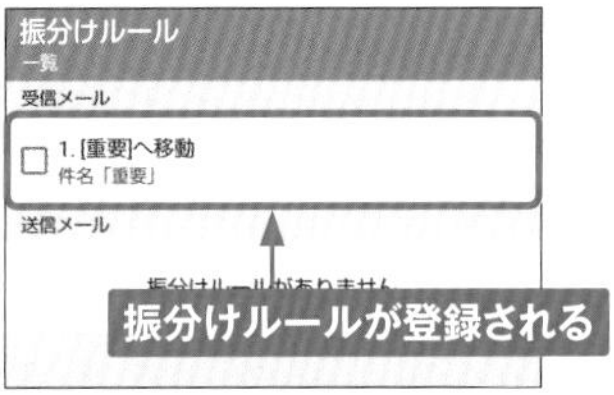

3

Section 29

迷惑メールを防ぐ

ドコモメールでは、受信したくないメールを、ドメインやアドレス別に細かく設定することができます。スパムメールなどの受信を拒否したい場合などに設定しておきましょう。

迷惑メールフィルターを設定する

① ホーム画面でをタッチします。

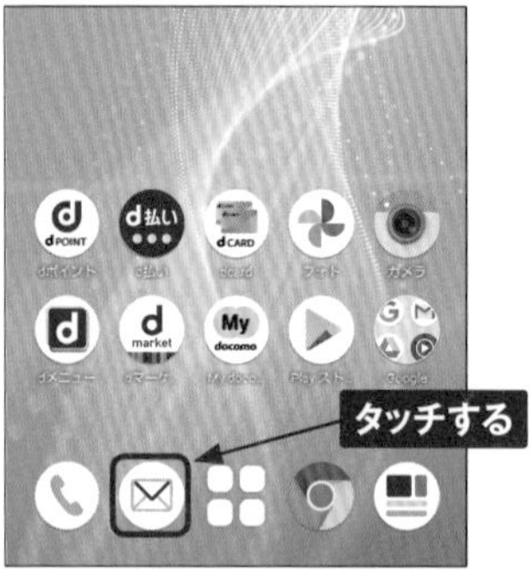

② 画面右下の＜その他＞をタッチし、＜メール設定＞をタッチします。

③ ＜ドコモメール設定サイト＞をタッチします。

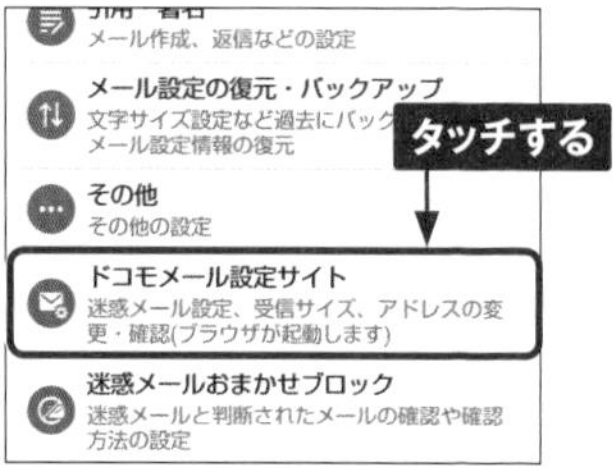

MEMO 迷惑メールおまかせブロックとは

ドコモでは、迷惑メールフィルターの設定のほかに、迷惑メールを自動で判定してブロックする「迷惑メールおまかせブロック」という、より強力な迷惑メール対策サービスがあります。月額利用料金は200円ですが、これは「あんしんネットセキュリティ」の料金なので、同サービスを契約していれば、「迷惑メールおまかせブロック」も追加料金不要で利用できます。

4 「パスワード確認」画面が表示されたら、パスワードを入力して、<パスワード確認>をタッチします。

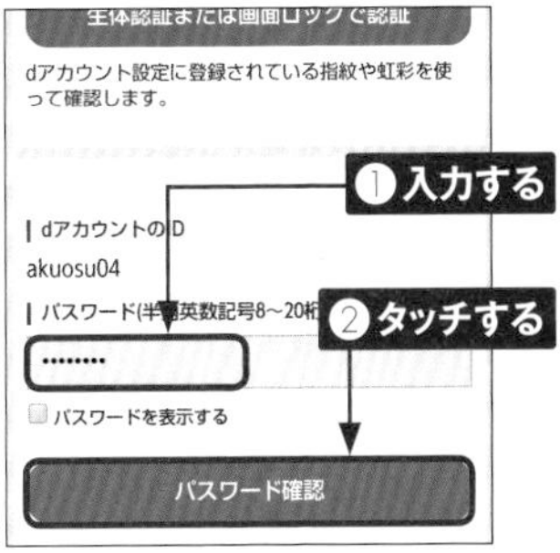
dアカウント設定に登録されている指紋や虹彩を使って確認します。
①入力する
dアカウントのID
akuosu04
パスワード(半角英数記号8～20桁
②タッチする
パスワードを表示する
パスワード確認

5 「メール設定」画面で、<利用シーンに合わせた設定>→<拒否リスト設定>の順にタッチします。

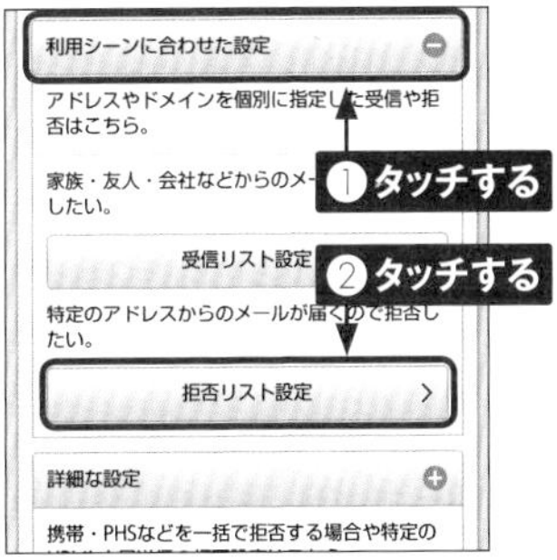
利用シーンに合わせた設定
アドレスやドメインを個別に指定した受信や拒否はこちら。
①タッチする
家族・友人・会社などからのメ
したい。
受信リスト設定
②タッチする
特定のアドレスからのメールが届くので拒否したい。
拒否リスト設定
詳細な設定
携帯・PHSなどを一括で拒否する場合や特定の

6 「拒否リスト設定」の<設定を利用する>をタッチして、上方向にスライドします。

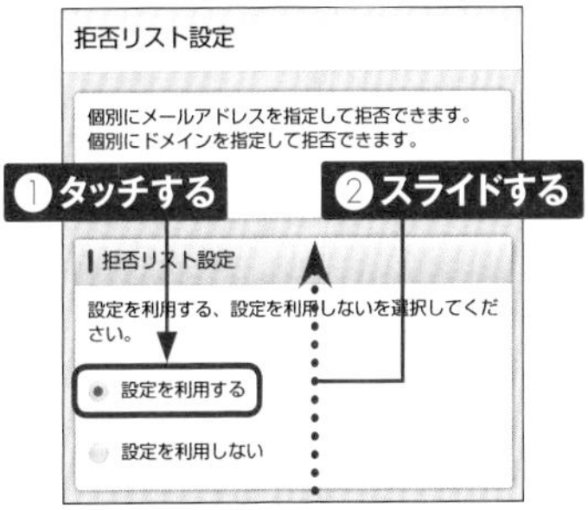
拒否リスト設定
個別にメールアドレスを指定して拒否できます。
個別にドメインを指定して拒否できます。
①タッチする
②スライドする
拒否リスト設定
設定を利用する、設定を利用しないを選択してください。
設定を利用する
設定を利用しない

7 「拒否するメールアドレスの登録」の<さらに追加する>をタッチして、拒否したいメールアドレスを入力し、上方向にスライドします。

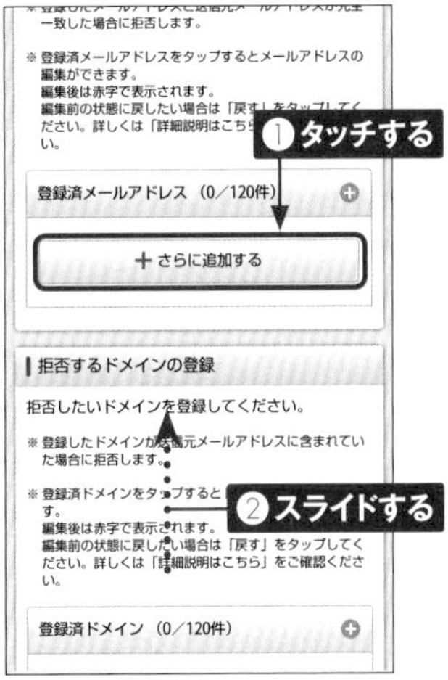
一致した場合に拒否します。
※登録済メールアドレスをタップするとメールアドレスの編集ができます。
編集後は赤字で表示されます。
①タッチする
登録済メールアドレス（0／120件）
＋さらに追加する
拒否するドメインの登録
拒否したいドメインを登録してください。
※登録したドメインが送信元メールアドレスに含まれていた場合に拒否します。
②スライドする
編集後は赤字で表示されます。
編集前の状態に戻したい場合は「戻す」をタップしてください。詳しくは「詳細説明はこちら」をご確認ください。
登録済ドメイン（0／120件）

8 「拒否するドメインの登録」の<さらに追加する>をタッチして、受信を拒否したいドメインを追加し、<確認する>→<設定を確定する>の順にタッチすると、設定が完了します。

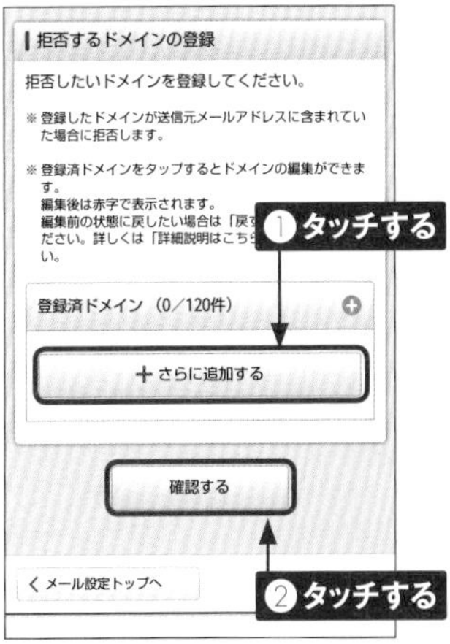
拒否するドメインの登録
拒否したいドメインを登録してください。
※登録したドメインが送信元メールアドレスに含まれていた場合に拒否します。
※登録済ドメインをタップするとドメインの編集ができます。
編集後は赤字で表示されます。
①タッチする
登録済ドメイン（0／120件）
＋さらに追加する
確認する
メール設定トップへ
②タッチする

3

Section 30

+メッセージを利用する

「+メッセージ」アプリでは、携帯電話番号を宛先にして、テキストや写真、ビデオ、スタンプなどを送信できます。「+メッセージ」アプリを使用していない相手の場合は、SMSでやり取りが可能です。

+メッセージとは

SH-41Aでは、「+メッセージ」アプリで+メッセージとSMSが利用できます。+メッセージでは文字が全角2,730文字、そのほかに100MBまでの写真や動画、スタンプ、音声メッセージをやり取りでき、グループメッセージや現在地の送受信機能もあります。パケットを使用するため、パケット定額のコースを契約していれば、とくに料金は発生しません。なお、SMSではテキストメッセージしか送れず、別途送信料もかかります。
また、+メッセージは、相手も+メッセージを利用している場合のみ利用できます。SMSと+メッセージどちらが利用できるかは自動的に判別されますが、画面の表示からも判断することができます（下図参照）。

「+メッセージ」アプリで表示される連絡先の相手画面です。+メッセージを利用している相手には、が表示されます。プロフィールアイコンが設定されている場合は、アイコンが表示されます。

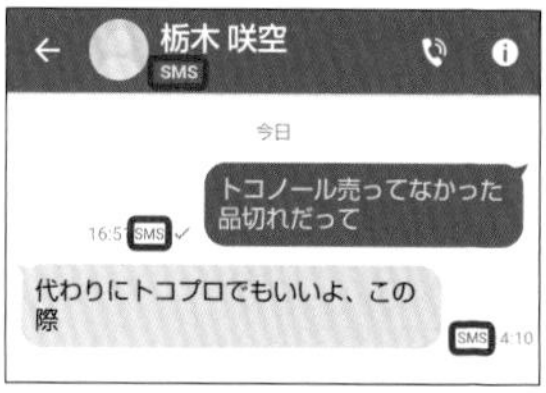

相手が+メッセージを利用していない場合は、メッセージ画面の名前欄とメッセージ欄に「SMS」と表示されます（上図）。+メッセージを利用している相手の場合は、何も表示されません（下図）。

+メッセージを利用できるようにする

1 ホーム画面を左方向にフリックし、<+メッセージ>をタッチします。初回起動時は、+メッセージについての説明が表示されるので、内容を確認して、<次へ>をタッチしていきます。アクセス権限のメッセージが表示されたら、<許可>をタッチします。

2 Wi-Fiに接続している場合は、「確認」画面が表示されます。<手動でWi-Fiオフ>→<設定>の順にタッチしてWi-Fiをオフに設定します。

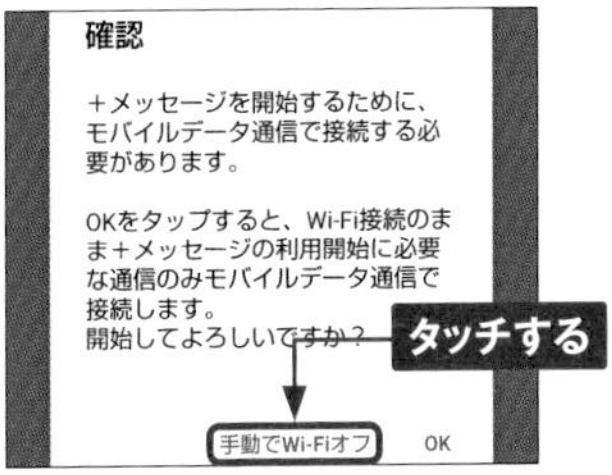

3 利用条件に関する画面が表示されたら、内容を確認して、<すべて同意する>をタッチします。

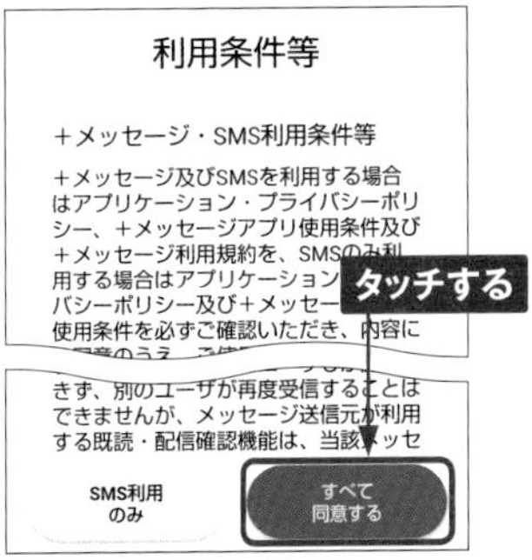

4 「+メッセージ」アプリについての説明が表示されたら、左方向にフリックしながら、内容を確認します。

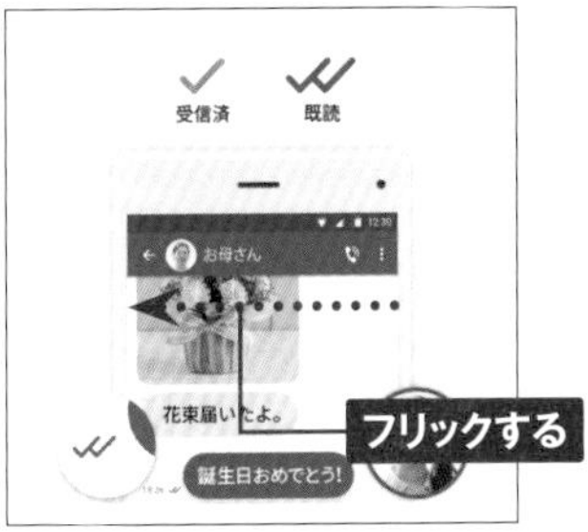

5 「プロフィール（任意）」画面が表示されます。名前などを入力し、<OK>をタッチします。プロフィールは、設定しなくてもかまいません。

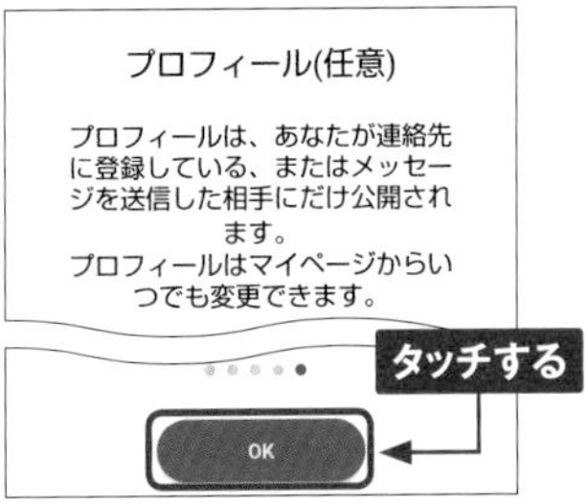

6 「+メッセージ」アプリが起動します。

メッセージを送信する

1 P.89手順①を参考にして、「＋メッセージ」アプリを起動します。新規にメッセージを作成する場合はをタッチして、をタッチします。

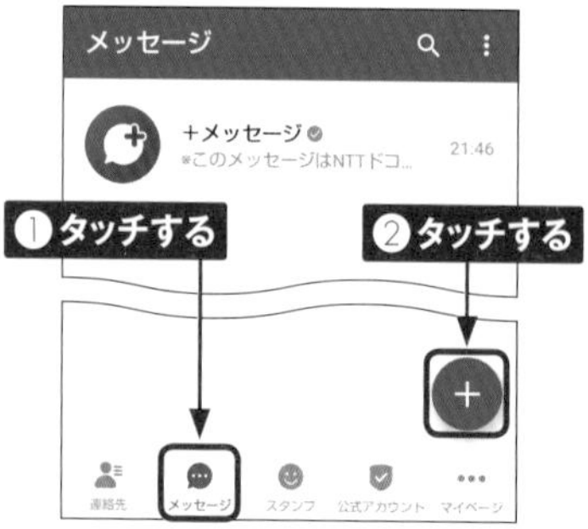

2 <新しいメッセージ>をタッチします。

3 「新しいメッセージ」画面が表示されます。メッセージを送りたい相手をタッチします。

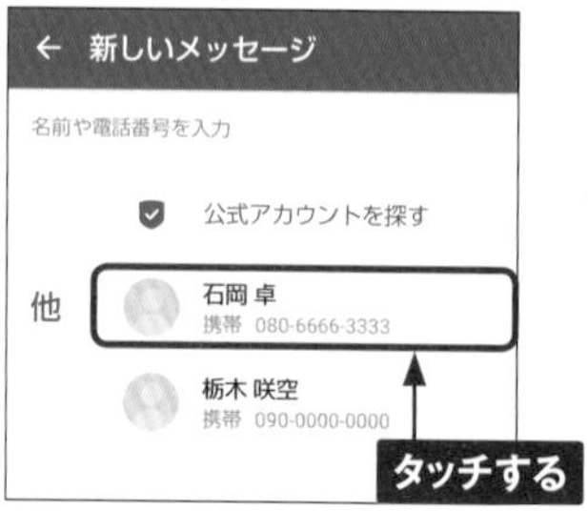

4 <メッセージを入力>をタッチして、メッセージを入力し、をタッチします。

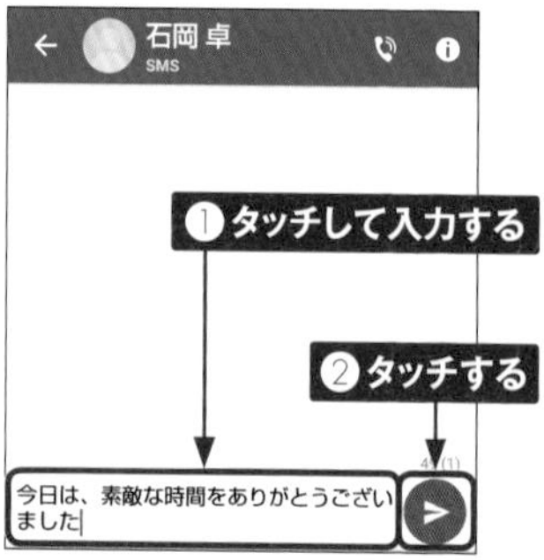

5 メッセージが送信され、画面の右側に表示されます。

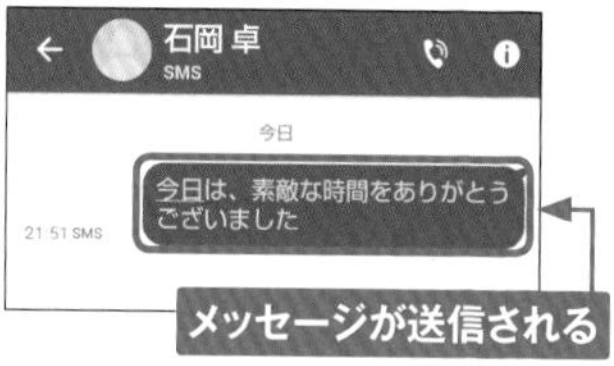

MEMO 写真やスタンプの送信

「＋メッセージ」アプリでは、写真やスタンプを送信することもできます。写真を送信したい場合は、手順④の画面で→の順にタッチして、送信したい写真をタッチして選択し、をタッチします。スタンプを送信したい場合は、手順④の画面でをタッチして、送信したいスタンプをタッチして選択し、をタッチします。

メッセージを返信する

① メッセージが届くと、ステータスバーに受信のお知らせが表示されます。ステータスバーを下方向にドラッグします。

② ステータスパネルに表示されているメッセージの通知をタッチします。

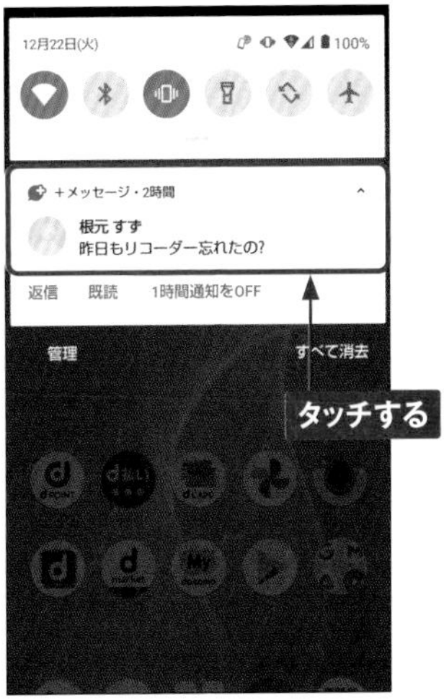

③ 受信したメッセージが画面の左側に表示されます。メッセージを入力して、▶をタッチすると、相手に返信できます。

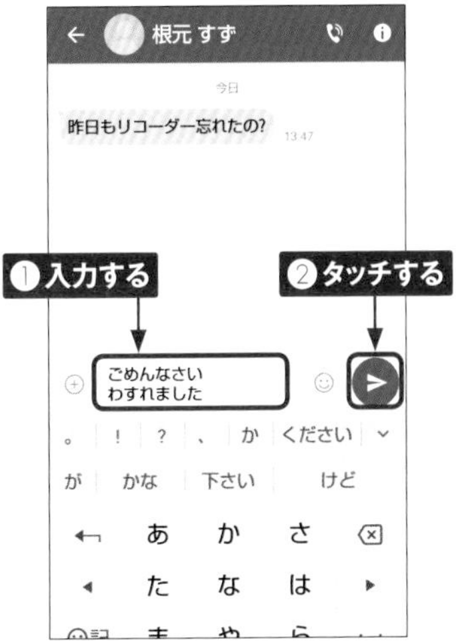

MEMO 「メッセージ」画面からのメッセージ送信

「+メッセージ」アプリで相手とやり取りすると、「メッセージ」画面にやり取りした相手が表示されます。以降は、「メッセージ」画面から相手をタッチすることで、メッセージの送信が行えます。

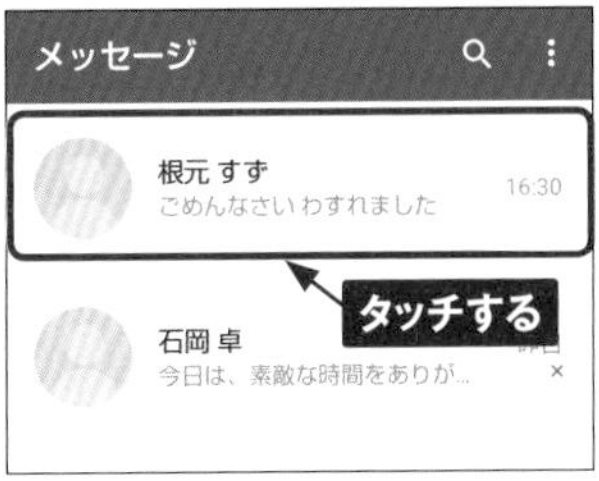

3

Section 31

Gmailを利用する

SH-41AにGoogleアカウントを登録しておけば（Sec.11参照）、すぐにGmailを利用することができます。パソコンでラベルや振分け設定を行うことで、より便利に利用できます（P.93MEMO参照）。

受信したメールを閲覧する

1 ホーム画面のGoogleフォルダを開いて＜Gmail＞をタッチします。「Gmailの新機能」画面が表示された場合は、＜OK＞→＜GMAILに移動＞の順にタッチします。

2 「メイン」画面が表示されます。画面を上方向にスライドして、読みたいメールをタッチします。

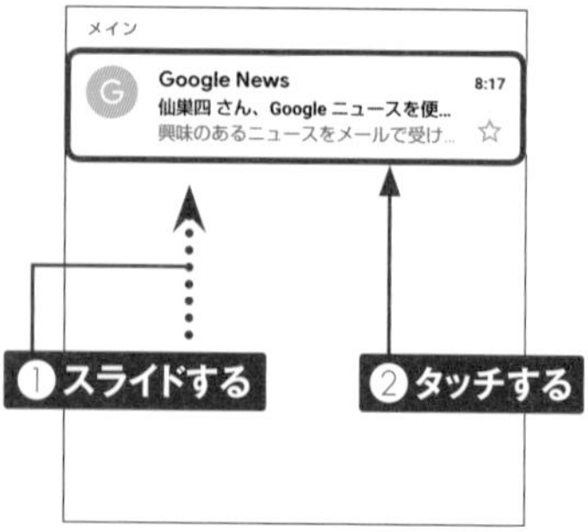

3 メールの差出人やメール受信日時、メール内容が表示されます。画面左上の←をタッチすると、受信トレイに戻ります。なお、↩をタッチすると、返信することもできます。

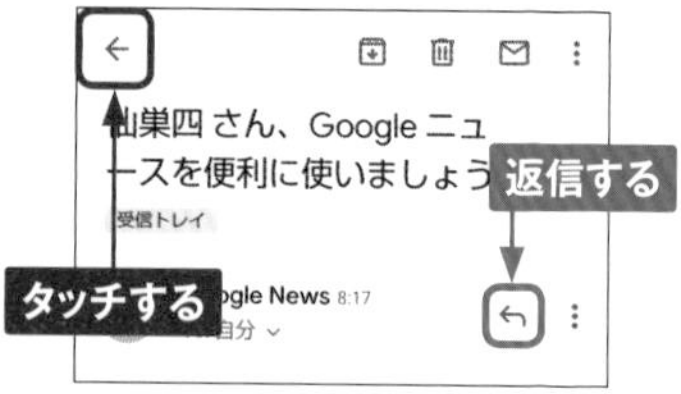

MEMO Googleアカウントの同期

Gmailを使用する前に、Sec.11の方法であらかじめSH-41Aに自分のGoogleアカウントを設定しましょう。P.35手順⑰の画面で「Gmail」をオンにしておくと、Gmailも自動的に同期されます。すでにGmailを使用している場合は、受信トレイの内容がそのままSH-41Aでも表示されます。

メールを送信する

1 P.92を参考に「メイン」などの画面を表示して、<作成>をタッチします。

2 メールの「作成」画面が表示されます。<To>をタッチして、メールアドレスを入力します。「ドコモ電話帳」内の連絡先であれば、表示される候補をタッチします。

3 件名とメールの内容を入力し、▷をタッチすると、メールが送信されます。

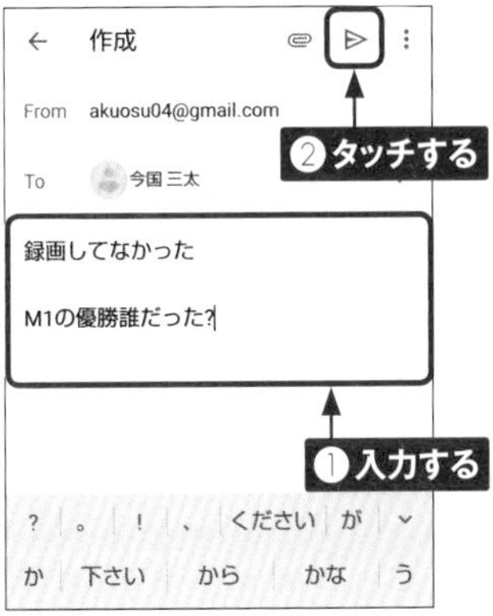

MEMO

メニューの表示

「Gmail」の画面を左端から右方向にフリックすると、メニューが表示されます。メニューでは、「メイン」以外のカテゴリやラベルを表示したり、送信済みメールを表示したりできます。なお、ラベルの作成や振分け設定は、パソコンのWebブラウザで「https://mail.google.com/」にアクセスして行います。

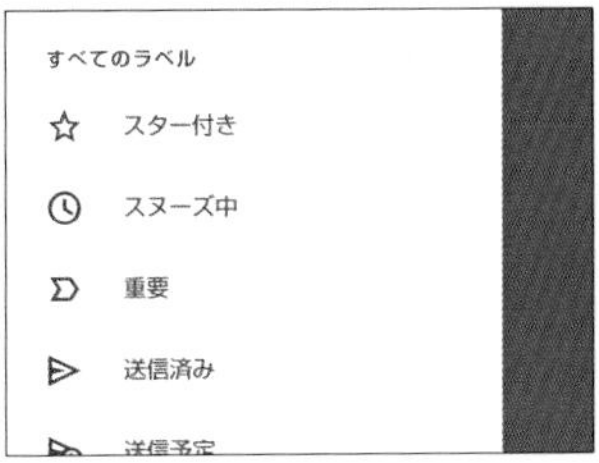

3

Section 32

Yahoo!メール／PCメールを設定する

SH-41Aで、会社のPCメールやYahoo!メールなどのWebメールを送受信する場合は、「Gmail」アプリを使います。ここでは、Yahoo!メールを「Gmail」アプリで利用するための設定方法を紹介します。

Yahoo!メールを設定する

① ホーム画面のGoogleフォルダを開いて＜Gmail＞をタッチします。

② 「Gmail」アプリの画面右上の頭文字のアイコンをタッチします。

③ ＜別のアカウントを追加＞をタッチします。

MEMO **Yahoo!メールのパスワード**

Yahoo!メールのアカウントは、https://mail.yahoo.co.jp/promo/で無料で作成することができます。Webでメールを利用する際には、登録した電話番号にSMSで送られる確認コードで認証を行います。ここで紹介しているように、ほかのメールアプリから利用するときには、パスワードを作成して有効化しておく必要があります。

4 ＜Yahoo＞をタッチします。

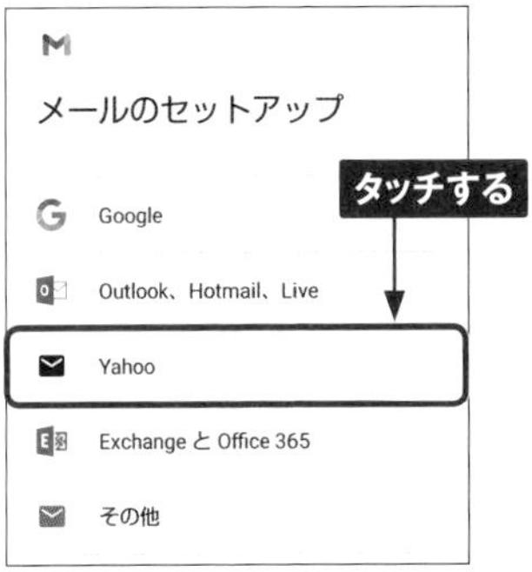

5 Yahoo!メールのメールアドレスを入力して＜続ける＞をタッチします。

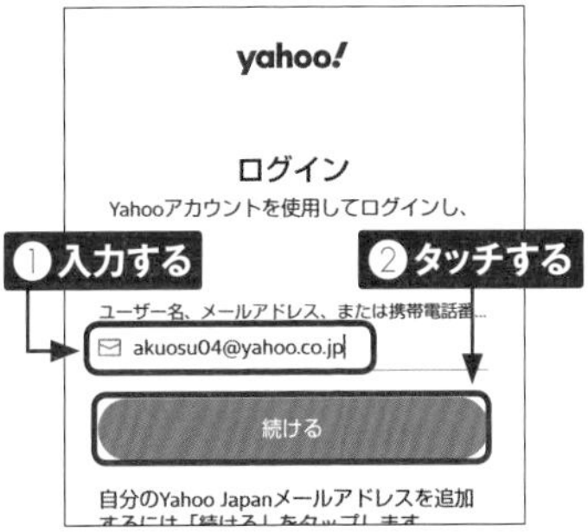

6 Yahoo!メールのパスワード（P.94 MEMO参照）を入力して＜次へ＞をタッチします。

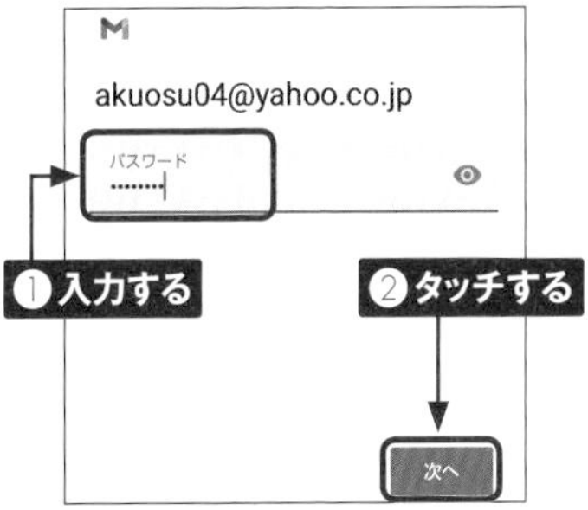

7 アカウントのオプションを確認して＜次へ＞をタッチします。

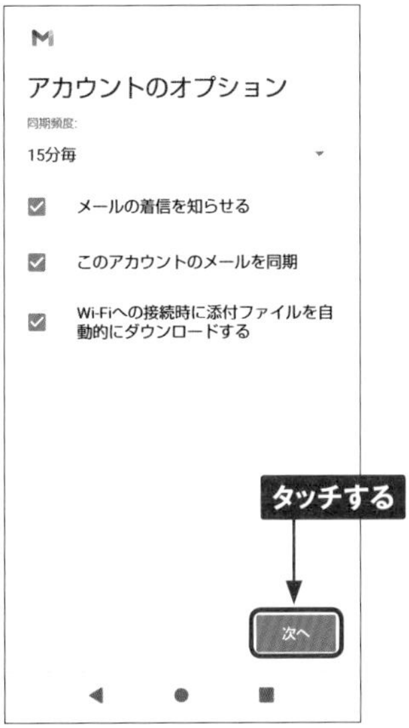

8 メールアドレスをと名前を確認して＜次へ＞をタッチします。

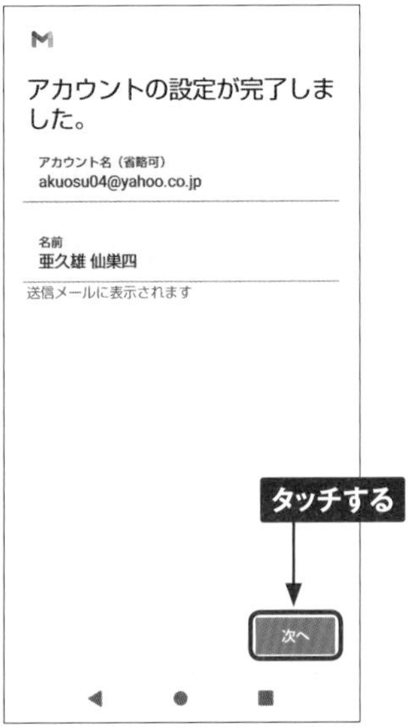

9 「受信トレイ」に戻るので、左上の≡をタッチします。

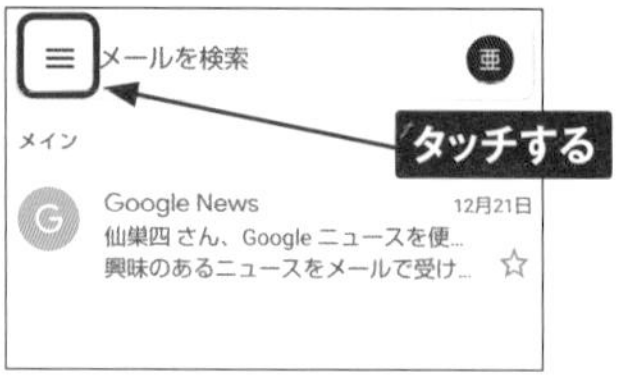

10 <すべての受信トレイ>をタッチします。

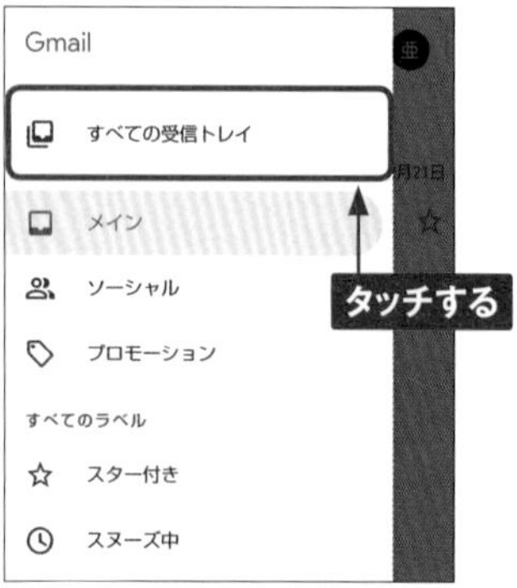

11 Gmailのほかに、受信したYahoo!メールも表示されます。

12 手順⑨の画面で、画面右上の頭文字のアイコンをタッチし、Yahoo!メールのアドレスをタッチすると、Yahoo!メールの受信トレイだけを表示することができます。

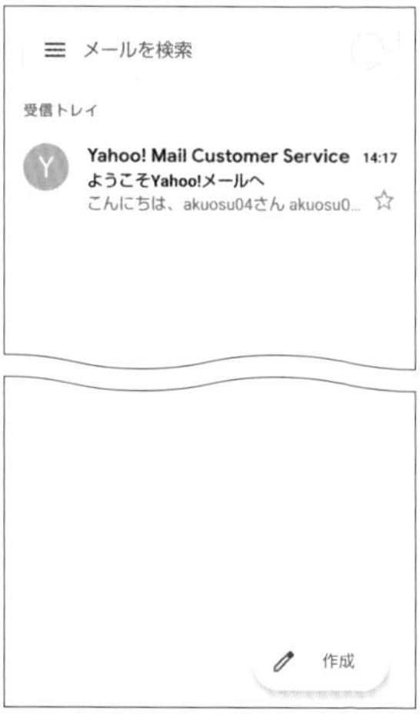

MEMO **PCメールを設定する**

PCメールを設定する場合は、P.95手順④の画面で<その他>をタッチして、画面の指示にしたがって進めます。メールアカウントとパスワードのほかに、利用しているメールサーバーの情報も必要になるので、事前に調べておきましょう。

Chapter 4

Googleのサービスを使いこなす

Section 33

Googleのサービスとは

Googleは、地図、ニュース、動画などのさまざまなサービスをインターネットで提供しています。専用のアプリを使うことで、Googleの提供するこれらのサービスをかんたんに利用することができます。

Googleのサービスでできること

GmailはGoogleの代表的なサービスですが、そのほかにも地図、ニュース、動画、SNS、翻訳など、さまざまなサービスを無料で提供しています。また、連絡先やスケジュール、写真などの個人データをGoogleのサーバーに保存することで、パソコンやタブレット、ほかのスマートフォンとデータを共有することができます。

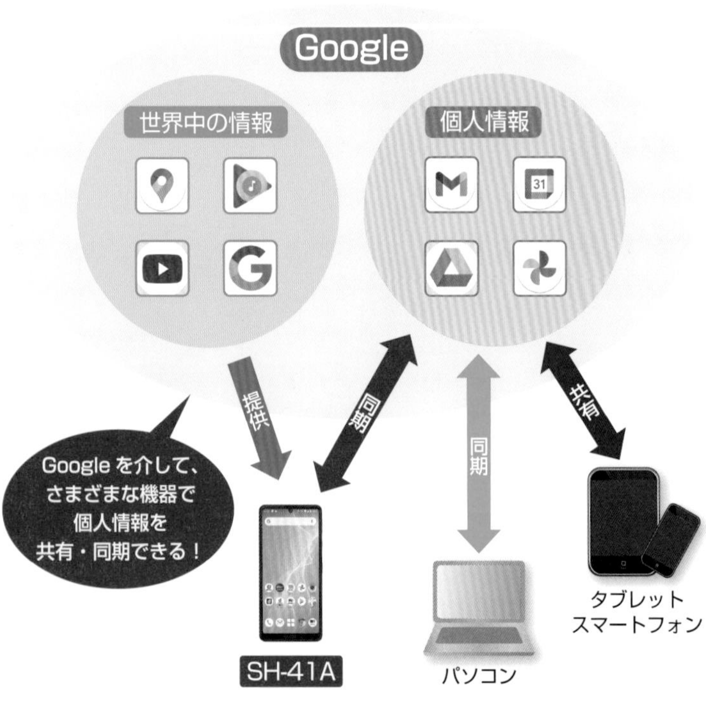

Googleのサービスと対応アプリ

Googleのほとんどのサービスは、Googleが提供しているアプリを使って利用できます。最初からインストールされているアプリ以外は、Google Playからダウンロードします（Sec.35 ～ 36参照）。また、Google製以外の対応アプリを利用することもできます。

サービス名	対応アプリ	サービス内容
Google Play	Playストア	各種コンテンツ（アプリ、書籍、映画、音楽）のダウンロード
Googleニュース	Googleニュース	ニュースや雑誌の購読
Google Play ミュージック	Google Playミュージック	クラウドへの音楽保存、4,000万曲以上の音楽聴き放題サービスなど
Gmail	Gmail	Googleアカウントをアドレスにしたメールサービス
Googleマップ	マップ	地図・経路・位置情報サービス
Googleカレンダー	Googleカレンダー	スケジュール管理
Google ToDoリスト	ToDoリスト	タスク（ToDo）管理
YouTube	YouTube	動画共有サービス
Google翻訳	Google翻訳	多言語翻訳サービス（音声入力対応）
Googleフォト	Googleフォト	写真・動画のバックアップ
Googleドライブ	Googleドライブ	文書作成・管理・共有サービス
Googleアシスタント	Google／Googleアシスタント	話しかけるだけで、情報を調べたり端末を操作したりできるサービス
Google Keep	Google Keep	メモ作成サービス

MEMO

Googleのサービスとドコモのサービスのどちらを使う？

「ドコモ電話帳」アプリと「スケジュール」アプリのデータの保存先は、Googleとドコモで同様のサービスを提供しているため、どちらか1つを選ぶ必要があります。ふだんからGoogleのサービスを利用していて、それらのデータを連携させたい人はGoogleを、Googleのサービスはあまり利用していないという人はドコモを選ぶとよいでしょう。
Googleのサービスを利用する場合は、連絡先の保存先でGoogleアカウントを選び、スケジュール管理には「Googleカレンダー」アプリを使ってください。一方、ドコモを利用する場合は、連絡先の保存先に「docomo」を選び、スケジュール管理に「スケジュール」アプリを使います。

Section 34

Googleアシスタントを利用する

Application

SH-41Aでは、Googleの音声アシスタントサービス「Googleアシスタント」を利用できます。アシスタントキーを押すだけで起動でき、音声でさまざまな操作をすることができます。

Googleアシスタントの利用を開始する

① アシスタントキーを押すか、○をロングタッチします。

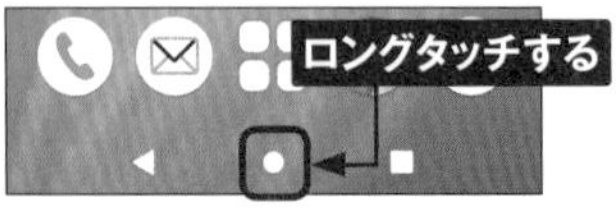
ロングタッチする

② Googleアシスタントの開始画面が表示されます。

次のように話しかけてみてください
「自撮りする」

③ Googleアシスタントが利用できるようになります。

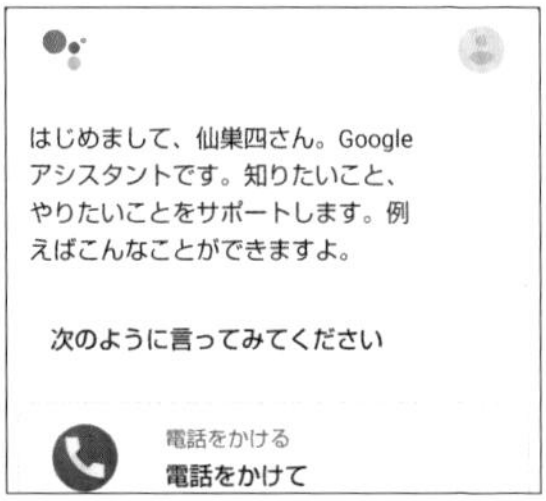
はじめまして、仙巣四さん。Google
アシスタントです。知りたいこと、
やりたいことをサポートします。例
えばこんなことができますよ。
次のように言ってみてください
電話をかける
電話をかけて

MEMO 音声でアシスタントを起動する

音声を登録すると、SH-41Aの起動中に「OK Google（オーケーグーグル）」と発声して、すぐにGoogleアシスタントを使うことができます。設定メニューで、<Google>→<アカウントサービス>→<検索、アシスタントと音声>→<Googleアシスタント>→<Voice Match>→<OK Google>の順にタップして、画面にしたがって音声を登録します。

4

Googleアシスタントへの問いかけ例

Googleアシスタントを利用すると、語句の検索だけでなく予定やリマインダーの設定、電話やメールの発信など、さまざまなことが、SH-41Aに話かけるだけでできます。まずは、「何ができる?」と聞いてみましょう。

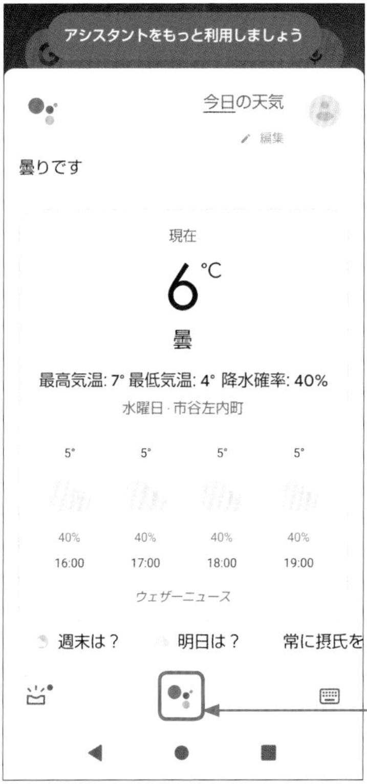

●調べ物

「東京タワーの高さは?」
「ビヨンセの身長は?」

●スポーツ

「ガンバ大阪の試合はいつ?」
「セリーグの順位は?」

●経路案内

「最寄りのスーパーまでナビして」

●楽しいこと

「牛の鳴き声を教えて」
「コインを投げて」

MEMO

Googleアシスタントから利用できないアプリ

たとえば、Googleアシスタントで「○○さんにメールして」と話しかけると、[Gmail]アプリ(Sec.31参照)が起動し、ドコモの[ドコモメール]アプリ(Sec.26参照)は利用できません。このように、Googleアシスタントでは Googleのアプリが優先され、一部のアプリはGoogleアシスタントからは利用できません。

Google Playで アプリを検索する

SH-41Aは、Google Playに公開されているアプリをインストールすることで、さまざまな機能を利用することができます。まずは、目的のアプリを探す方法を解説します。

アプリを検索する

① Google Playを利用するには、ホーム画面で<Playストア>をタッチします。

② 「Playストア」アプリが起動するので、<アプリ>をタッチし、<カテゴリ>をタッチします。

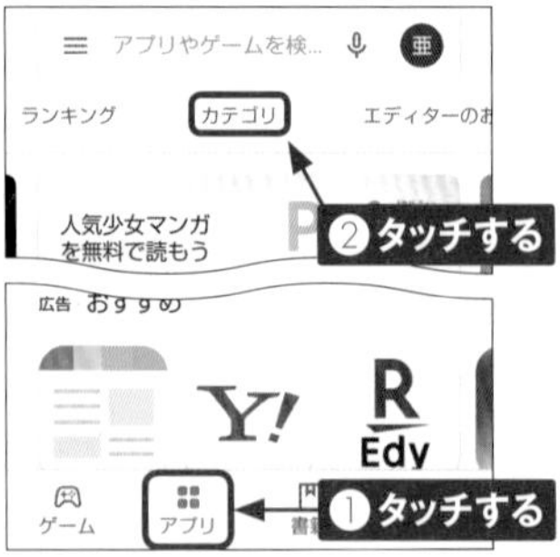

③ アプリのカテゴリが表示されます。画面を上下にスライドします。

④ 見たいジャンル（ここでは<カスタマイズ>）をタッチします。

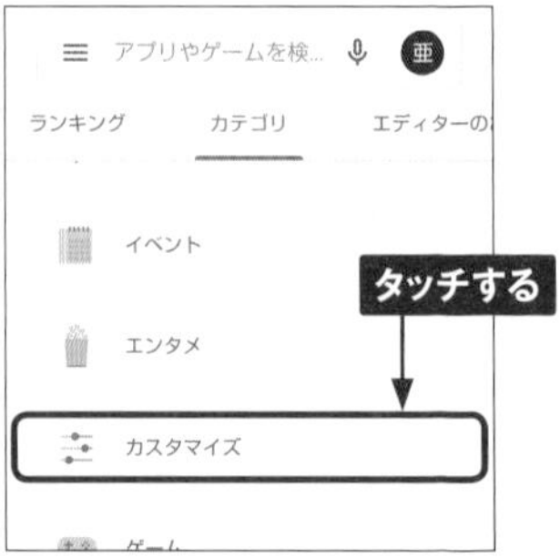

5 「カスタマイズ」のアプリが表示されます。上方向にスライドし、ランキングの→をタッチします。

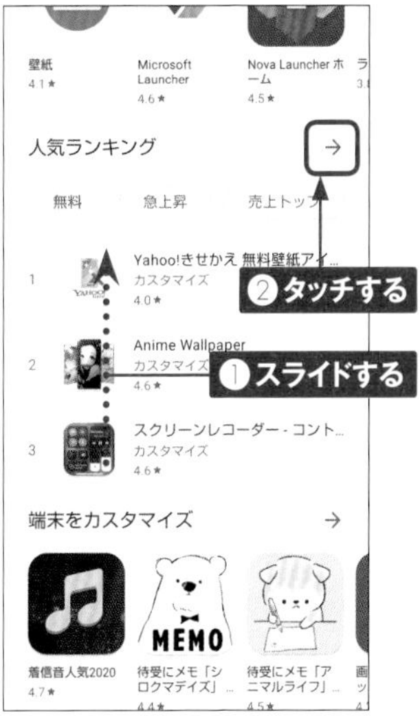

6 「無料」のアプリが一覧で表示されます。詳細を確認したいアプリをタッチします。なお、画面を左方向にフリックするごとに、「急上昇」「売上トップ」「有料」のアプリが表示されます。

7 アプリの詳細な情報が表示されます。人気のアプリでは、ユーザーレビューも読めます。

MEMO キーワードでの検索

Google Playでは、キーワードからアプリを検索できます。検索機能を利用するには、手順②の画面で画面上部の検索ボックスをタッチしてキーワードを入力し、キーボードの🔍をタッチします。

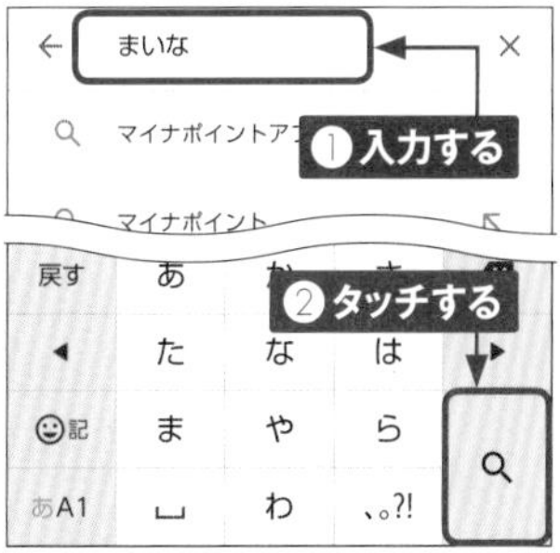

Section 36

アプリをインストール／アンインストールする

Google Playで目的の無料アプリを見つけたら、インストールしてみましょう。なお、不要になったアプリは、Google Playからアンインストール（削除）できます。

アプリをインストールする

① Google Playでアプリの詳細画面を表示し（P.103手順⑥～⑦参照）、＜インストール＞をタッチします。

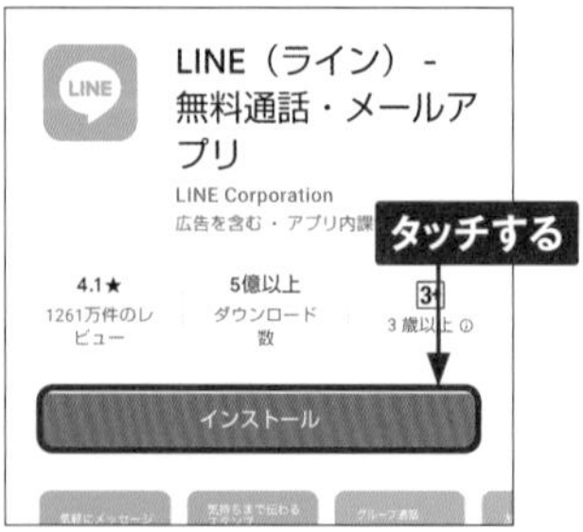

② アプリのダウンロードとインストールが始まります。

③ アプリのインストールが完了します。アプリを起動するには、＜開く＞をタッチするか、ホーム画面に追加されたアイコンをタッチします。

MEMO **［アカウント設定の完了］が表示されたら**

手順①で＜インストール＞をタッチしたあとに、［アカウント設定の完了］画面が表示される場合があります。その場合は、＜次へ＞→＜スキップ＞をタッチすると、アプリのインストールを続けることができます。

アプリをアップデートする／アンインストールする

●アプリをアップデートする

1 「Google Play」画面の左端から右方向にフリックし、表示されるメニューの＜マイアプリ&ゲーム＞をタッチします。

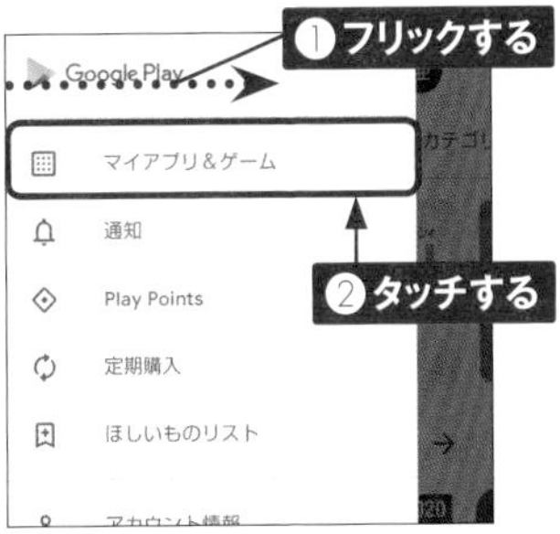

2 アップデート可能なアプリがある場合、「アップデート利用可能」に一覧が表示されます。＜すべて更新＞をタッチすると、アプリが一括で更新されます。

●アプリをアンインストールする

1 「マイアプリ&ゲーム」画面で＜インストール済み＞をタッチし、アンインストールしたいアプリをタッチします。

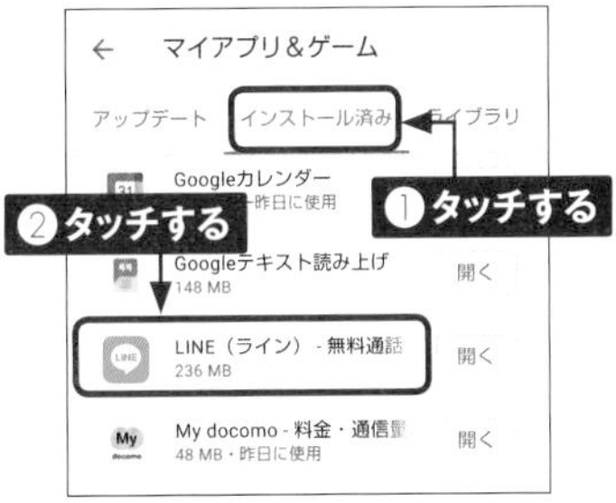

2 アプリの詳細が表示されます。＜アンインストール＞をタッチし、＜OK＞をタッチするとアンインストールされます。このとき、削除理由のアンケートが表示される場合があります。

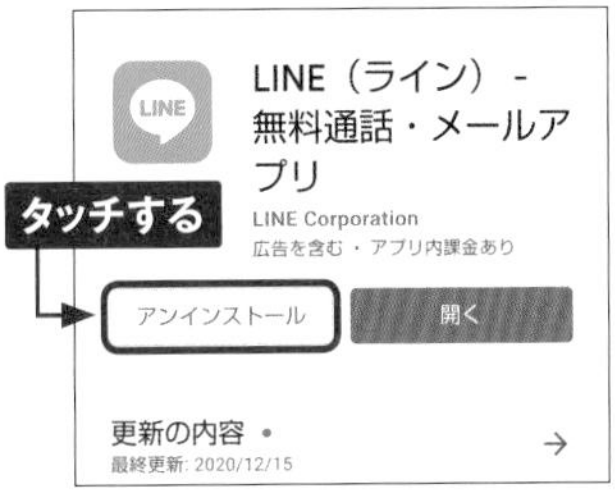

MEMO ドコモのアプリのアップデート

ドコモが提供しているアプリは、上記の方法ではアップデートが行えない場合があります。アップデートを行うには、設定メニューを開いて、＜ドコモのサービス／クラウド＞→＜ドコモアプリ管理＞→＜すべてアップデート＞の順にタッチします。

有料アプリを購入する

有料アプリを購入する場合、「ドコモの決済サービス」「クレジットカード」「Google Playギフトカード」などの支払い方法が選べます。ここでは、クレジットカードを登録する方法を解説します。

クレジットカードで有料アプリを購入する

1 有料アプリを選択し、アプリの価格が表示されたボタンをタッチし、＜同意する＞をタッチします。

2 ＜カードを追加＞をタッチします。

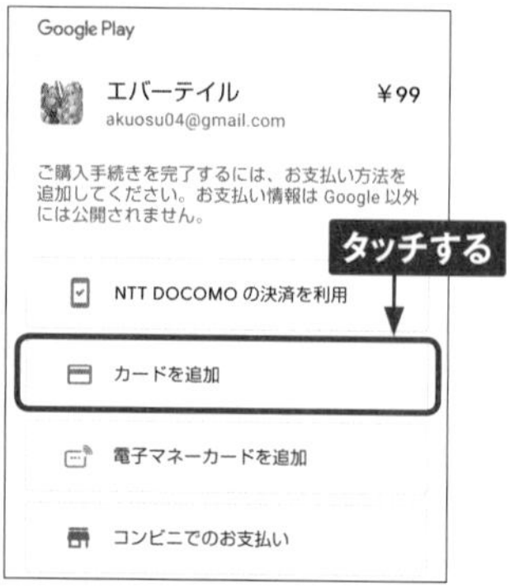

3 登録画面で「カード番号」と「有効期限」、「CVCコード」を入力します。

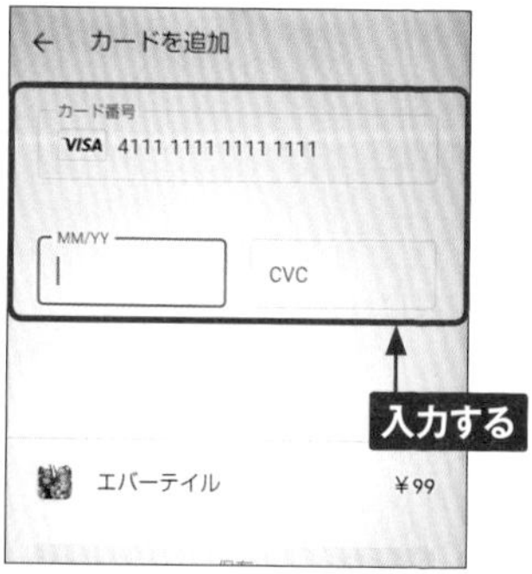

MEMO Google Play ギフトカードとは

コンビニなどで販売されている「Google Playギフトカード」を利用すると、プリペイド方式でアプリを購入することができます。クレジットカードを登録したくないときに便利です。利用するには、手順②で＜コードの利用＞をタッチします。

4 「クレジットカード所有者の名前」、「国名」、「郵便番号」を入力し、<保存>をタッチします。

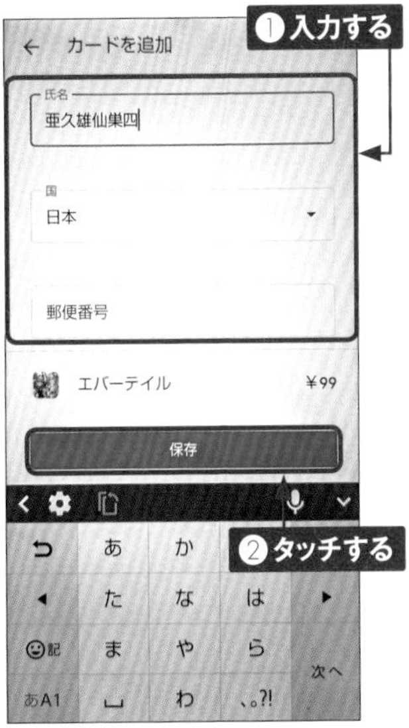

5 <1クリックで購入>をタッチします。

6 認証の確認画面が表示された場合は、<要求しない>または<常に要求する>→<OK>の順にタッチします。<OK>をタッチすると、ダウンロードとインストールが始まります。

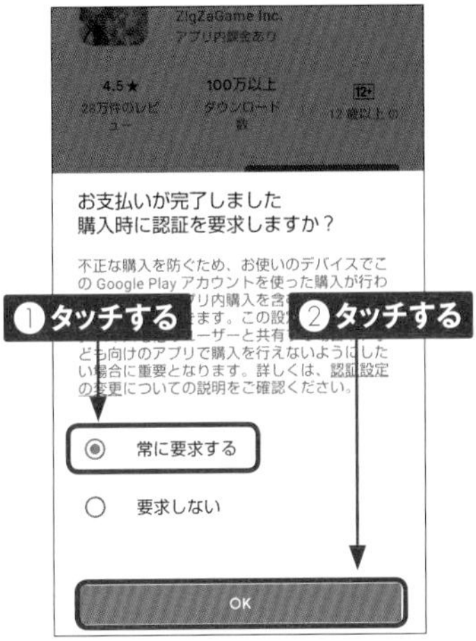

MEMO 購入したアプリの払い戻し

有料アプリは、購入してから2時間以内であれば、返品して全額払い戻しを受けることができます。返品するには、P.105右側を参考に購入したアプリの詳細画面を表示し、<払い戻し>をタッチして、次の画面で<はい>をタッチします。なお、払い戻しできるのは、1つのアプリにつき1回だけです。

Section 38

Googleマップを使いこなす

Googleマップを利用すると、自分の今いる場所や、現在地から目的地までの道順を地図上に表示できます。なお、Googleマップのバージョンによっては、本書と表示内容が異なる場合があります。

「マップ」アプリを利用する準備を行う

① 設定メニューを開いて、<セキュリティと現在地情報>→<位置情報>の順にタッチします。

② 「位置情報の使用」がの場合はタッチします。位置情報についての同意画面が表示されたら、<設定する>をタッチします。

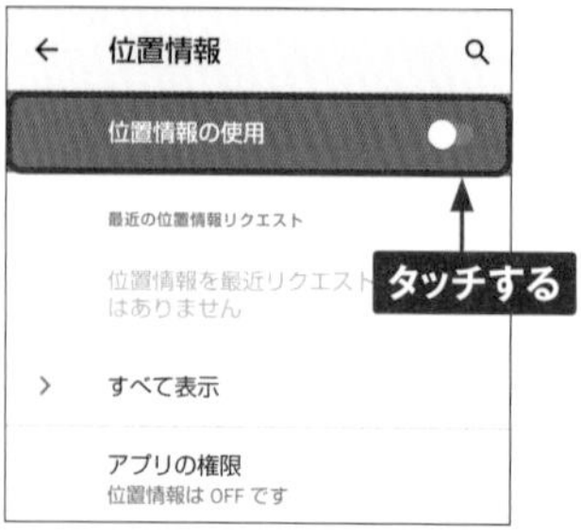

③ に切り替わったら、<詳細設定>→<Googleロケーション履歴>の順にタッチします。

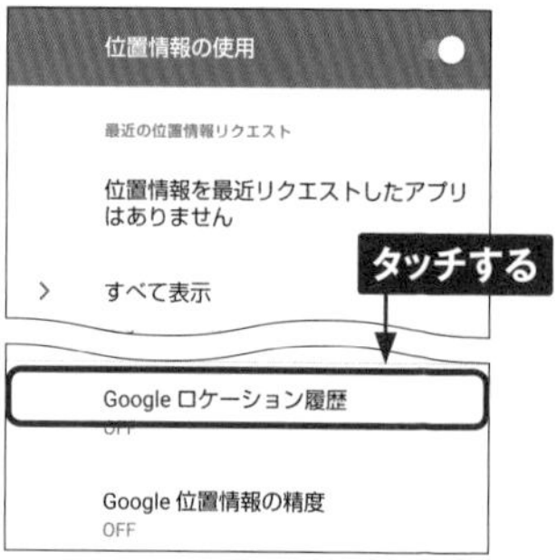

④ 「ロケーション履歴」がの場合はタッチして、<有効にする>→<有効にする>の順にタッチします。

4

現在地を表示する

① ホーム画面のGoogleフォルダを開いて、＜マップ＞をタッチします。

② 「マップ」アプリが起動します。

③ 地図の拡大はピンチアウト、縮小はピンチインで行います。スライドすると表示位置を移動できます。

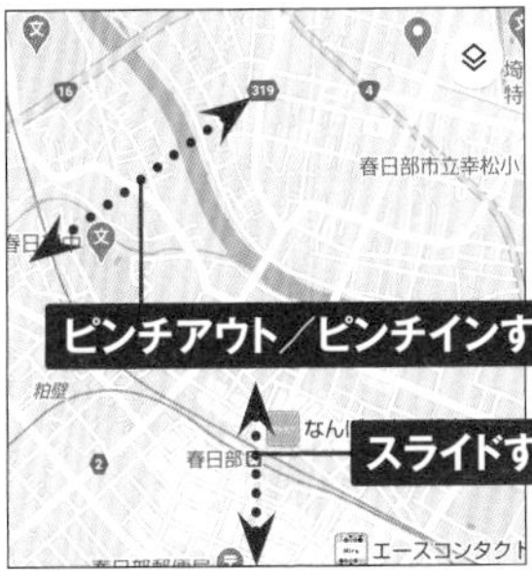

④ ◎をタッチすると、現在地が表示されます。

MEMO

位置情報の精度を変更する

P.108手順②の画面で＜Google位置情報の精度＞をタッチすると、「位置情報の精度を改善」で、位置情報の精度を変更することができます。■にすると、収集された位置情報を活用することで、位置情報の精度を改善することができます。

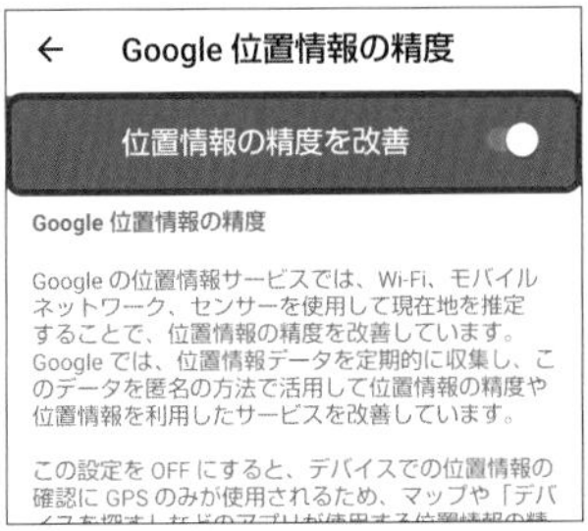

目的地までのルートを検索する

① P.109手順④の画面で<経路>をタッチし、移動手段（ここでは）をタッチして、<目的地を入力>をタッチします。出発地を現在地から変えたい場合は、<現在地>をタッチして変更します。

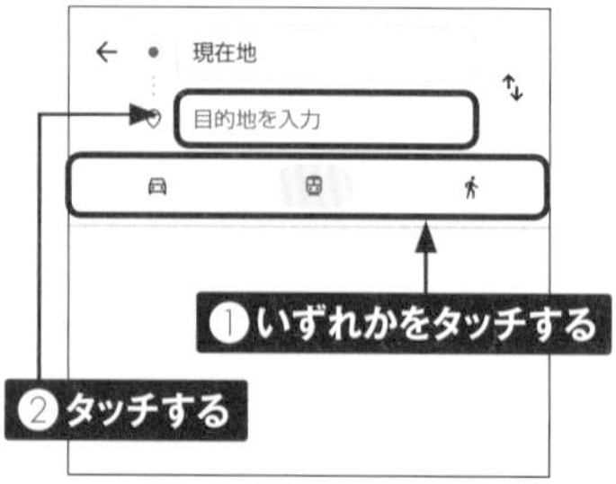

② 目的地を入力し、検索結果の候補から目的の場所をタッチします。

③ ルートが一覧表示されます。利用したい経路をタッチします。

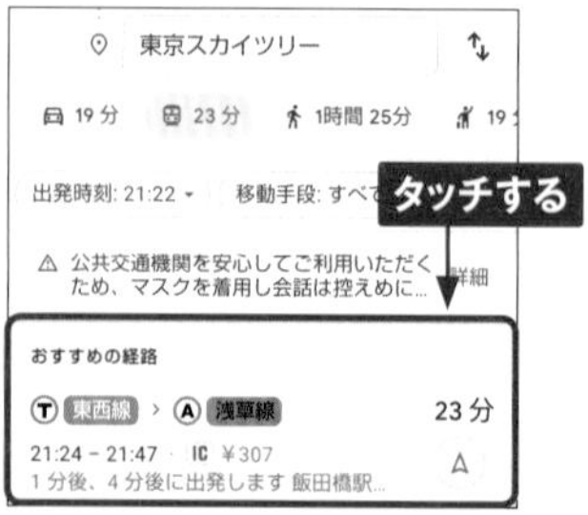

④ 目的地までのルートが地図で表示されます。画面下部を上方向へフリックします。

⑤ ルートの詳細が表示されます。下方向へフリックすると、手順④の画面に戻ります。◀を何度かタッチすると、地図に戻ります。

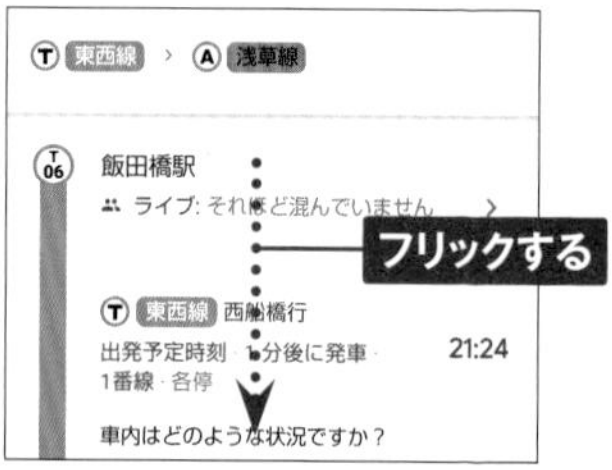

MEMO　マップナビの利用

「マップ」アプリには、「マップナビ」機能が搭載されています。手順①でまたはをタッチした場合、手順④に表示される<開始>をタッチすると、「マップナビ」が起動します。現在地から目的地までのルートを音声ガイダンス付きで案内してくれます。

周辺の施設を検索する

1 P.109手順④を参考に現在地を表示し、検索ボックスをタッチします。

2 探したい施設を入力し、🔍をタッチします。

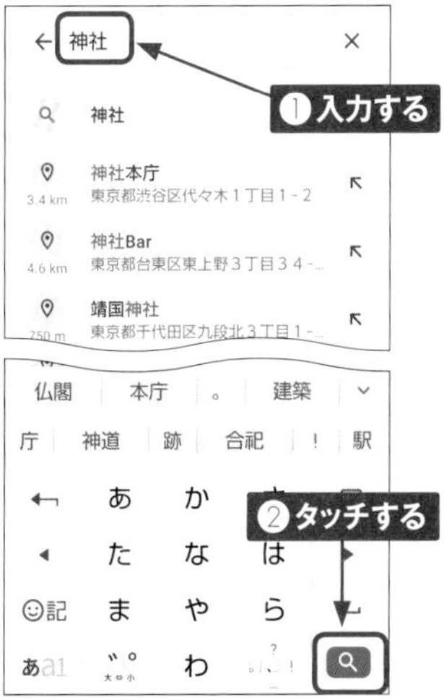

3 該当する施設が一覧で表示されます。上下にスライドして、気になる施設名をタッチします。

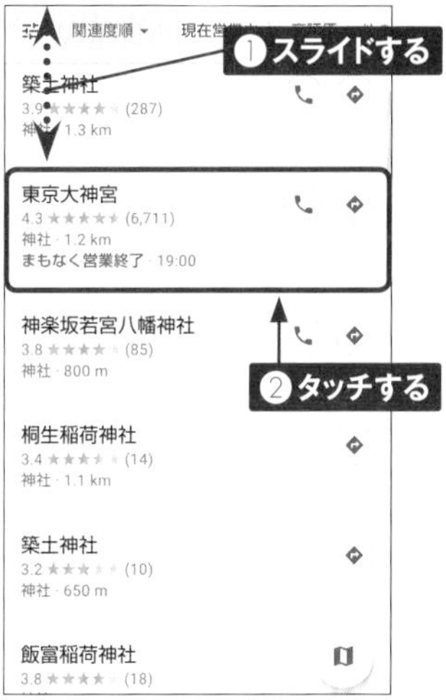

4 選択した施設の情報が表示されます。上下にスライドすると、より詳細な情報を表示できます。

紛失したSH-41Aを探す

SH-41Aを紛失してしまっても、パソコンからSH-41Aがある場所を確認できます。なお、この機能を利用するには事前に位置情報を有効にしておく必要があります（P.108参照）。

「デバイスを探す」を設定する

① ホーム画面を左方向に2回フリックし、＜設定＞をタッチします。

② ＜セキュリティ＞をタッチします。

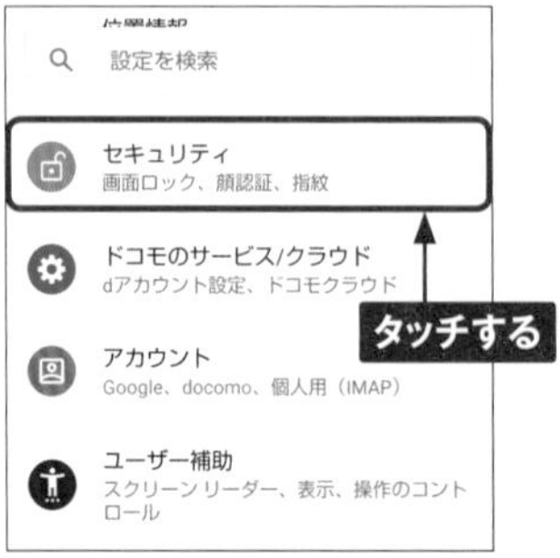

③ ＜デバイスを探す＞をタッチします。

④ の場合は＜OFF＞をタッチしてにします。

パソコンでSH-41Aを探す

① パソコンのWebブラウザでGoogleの「Googleデバイスを探す」(https://android.com/find)にアクセスします。

② ログイン画面が表示されたら、Sec.11で設定したGoogleアカウントを入力し、<次へ>をクリックします。パスワードの入力を求められたらパスワードを入力し、<次へ>をクリックします。

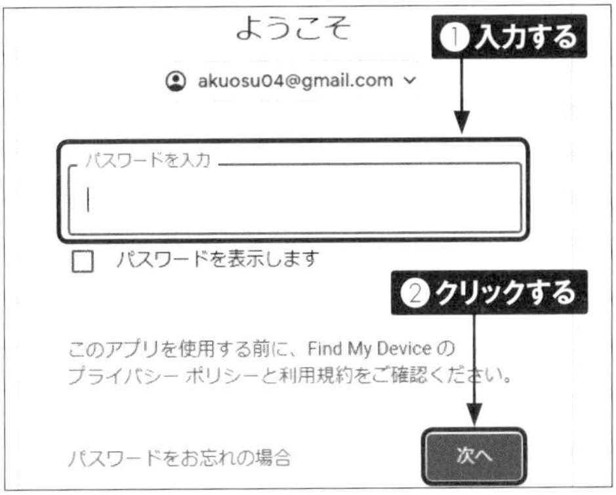

③ 「端末を探す」画面で<承認>をクリックすると、地図が表示され、SH-41Aのおおまかな位置を確認できます。画面左上の項目をクリックすると、音を鳴らしたり、ロックをかけたり、端末内のデータを初期化したりできます。

YouTubeで 世界中の動画を楽しむ

世界最大の動画共有サイトであるYouTubeの動画は、SH-41Aでも視聴することができます。高画質の動画を再生可能で、一時停止や再生位置の変更も行えます。

YouTubeの動画を検索して視聴する

① ホーム画面のGoogleフォルダを開いて、<YouTube>をタッチします。

② YouTubeのトップページが表示されるので、をタッチします。

③ 検索したいキーワードを入力して、をタッチします。

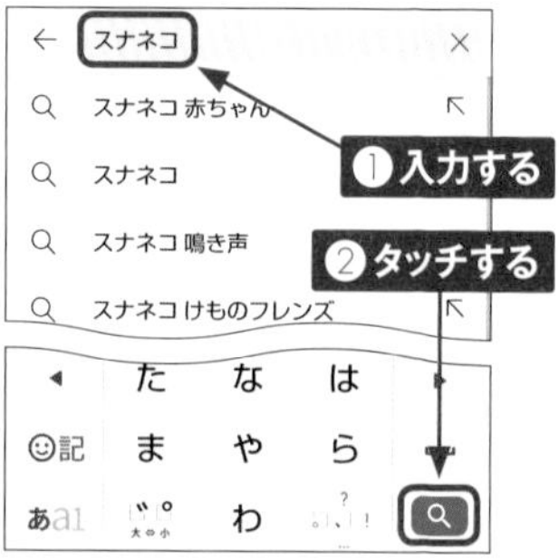

④ 検索結果一覧の中から、視聴したい動画をタッチします。

5 再生が始まります。画面を横向きにして□をタッチすると、全画面表示になります。画面をタッチします。

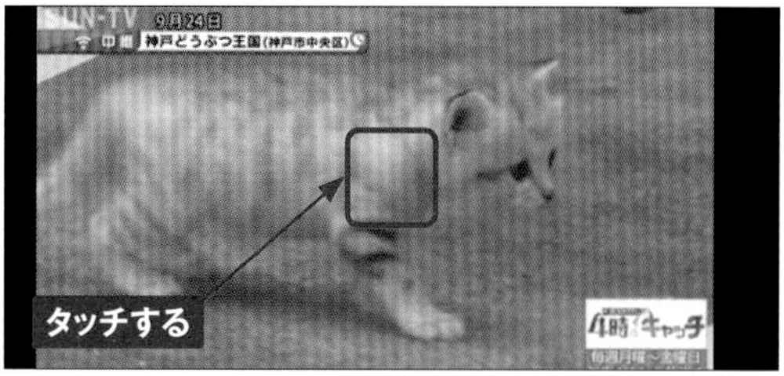

6 メニューが表示されます。⏸をタッチすると一時停止します。⌄をタッチします。

7 再生画面がウィンドウ化され、動画を再生しながら視聴したい動画の選択操作ができます。動画再生を終了するには、×をタッチするか、◀を何度かタッチしてYouTubeを終了します。

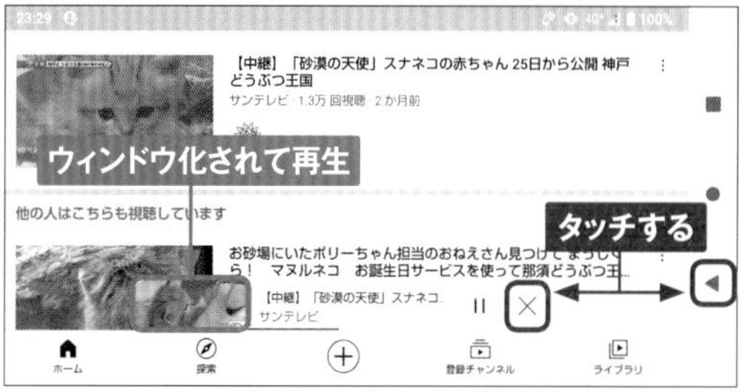

YouTubeの操作

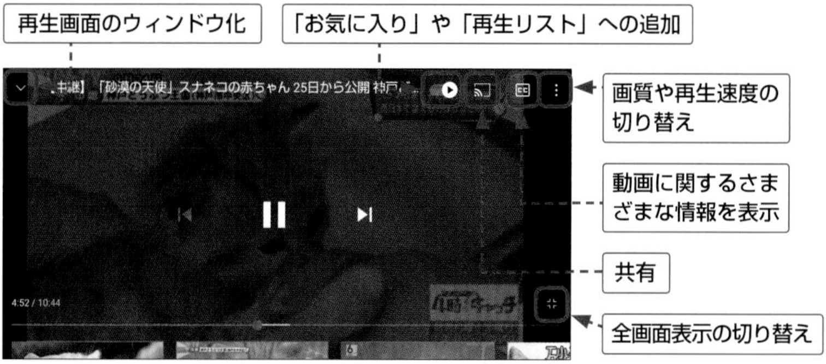

MEMO そのほかのGoogleサービスアプリ

本章で紹介したもの以外にも、たくさんのGoogleサービスアプリが公開されています。無料で利用できるものも多いので、Google Playからインストールして試してみてください。次の4つのアプリは、標準でSH-41Aにインストールされています。

Googleニュース

閲覧履歴により、そのユーザーに興味のあるニュースやトピックが優先的に表示されます。

Googleカレンダー

Googleのカレンダーアプリです。月、週、3日、日などの表示切り替えができます。

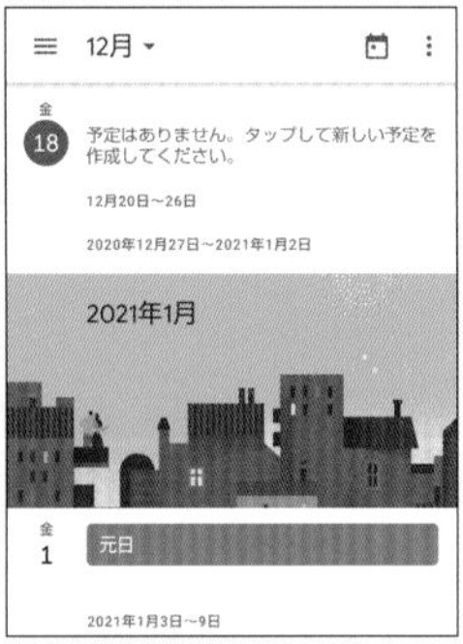

Googleドライブ

無料で15GBの容量が利用できるオンラインストレージアプリです。ファイルの保存・共有・編集ができます。

Google Pay

Googleが提供する決済サービスです。QUICPay、iD、Suica、nanaco、WAON、楽天Edyなどが利用できます。

Chapter 5

音楽や写真、動画を楽しむ

Section 41

パソコンからファイルを取り込む

SH-41AはUSB Type-Cケーブルでパソコンと接続して、本体メモリーやmicroSDカードにパソコンの各種データを転送ができます。お気に入りの音楽や写真、動画を取り込みましょう。

パソコンとSH-41Aを接続してデータを転送する

1 パソコンとSH-41AをUSB Type-Cケーブルで接続します。自動で接続設定が行われます。SH-41Aに許可画面が表示されたら、＜許可＞をタッチします。パソコンでエクスプローラーを開き、［PC］の下にある＜SH-41A＞をクリックします。

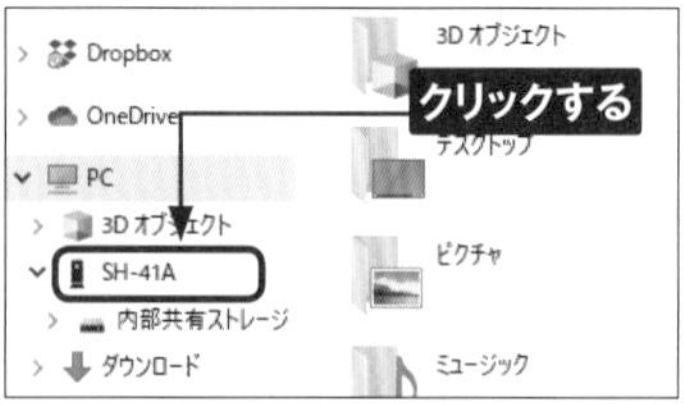

2 microSDカードを挿入している場合は、＜Card＞と＜内部共有ストレージ＞が表示されます。ここでは、本体にデータを転送するので、＜内部共有ストレージ＞をダブルクリックします。

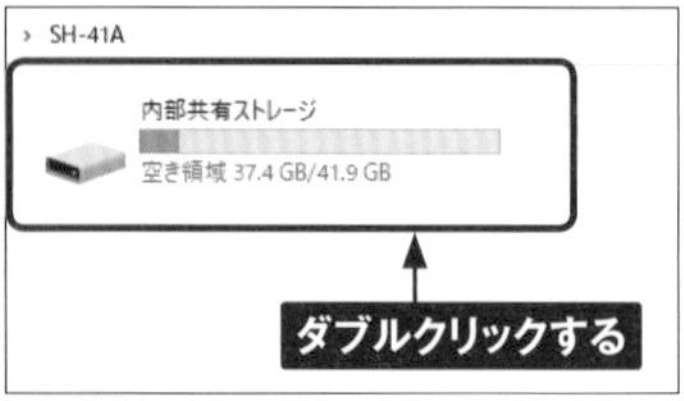

3 本体に保存されているファイルが表示されます。ここでは、フォルダを作ってデータを転送します。右クリックして、＜新規フォルダー＞をクリックします。

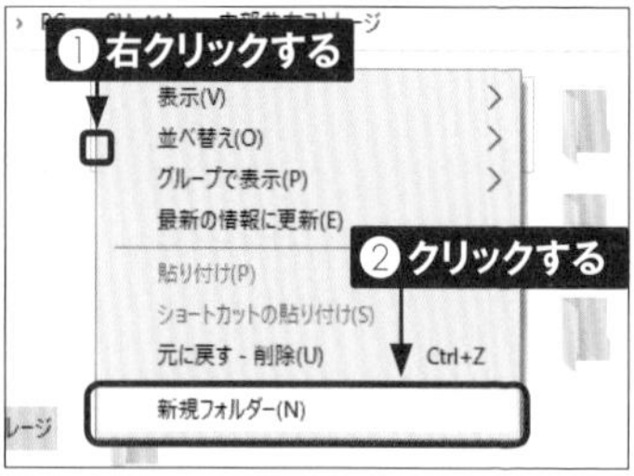

4 フォルダが作成されるので、フォルダ名を入力します。

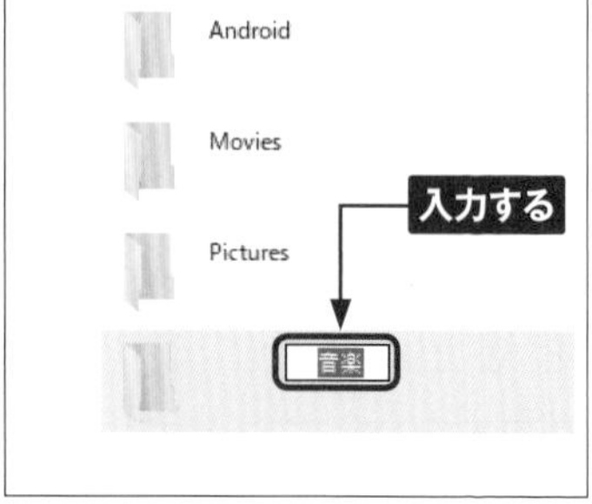

⑤ フォルダ名を入力したら、フォルダをダブルクリックして開きます。

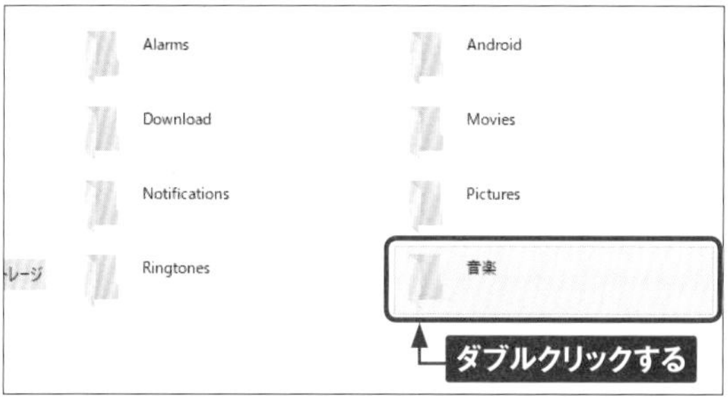

⑥ 転送したいデータが入っているパソコンのフォルダを開き、ドラッグ&ドロップで転送したいファイルやフォルダをコピーします。

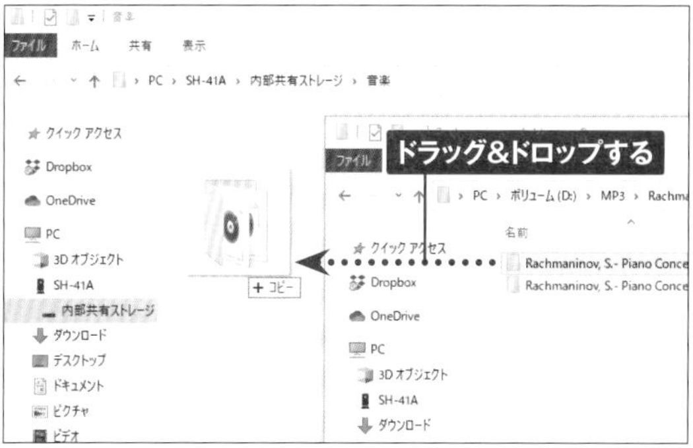

⑦ ファイルをコピー後、SH-41Aのアプリ（写真は［YouTube Music］）を起動すると、コピーしたファイルが読み込まれて表示されます。ここでは音楽ファイルをコピーしましたが、写真や動画のファイルも同じ方法で転送できます。

MEMO YouTube Musicの対応ファイル形式

YouTube Musicでサポートされているファイル形式は、MP3やAACなどです。ファイル形式によっては、手順⑦の画面で表示されない場合もあります。

Section 42

本体内の音楽を聴く

SH-41Aでは、音楽の再生や音楽情報の閲覧などができる「YouTube Music」を利用することができます。ここでは、本体に取り込んだ曲のファイルを再生する方法を紹介します。

本体内の音楽ファイルを再生する

1 ホーム画面のGoogleフォルダを開き、＜YT Music＞をタッチします。

2 ＜デバイスのファイルのみ＞をタッチします。

3 有料プランの案内が表示されます。ここでは、右上の×をタッチします。

4 ［好きなアーティストの選択］画面が表示されます。任意のアーティストをタッチして選択し、＜完了＞をタッチします。

5 Youtube Musicのホーム画面が表示されます。＜ライブラリ＞をタッチします。

6 ＜アルバム＞をタッチし、権限の許可画面が表示されたら＜許可＞をタッチします。＜デバイスのファイル＞をタッチし、聞きたいアルバムをタッチします。

7 聴きたい曲をタッチすると再生されます。＜再生＞をタッチすると、アルバムの最初の曲から順番に再生されます。

8 曲の操作画面が表示されます。

MEMO 他のアプリを利用中に操作する

他のアプリを利用中でも、通知パネルから音楽の再生や停止操作を行うことができます。

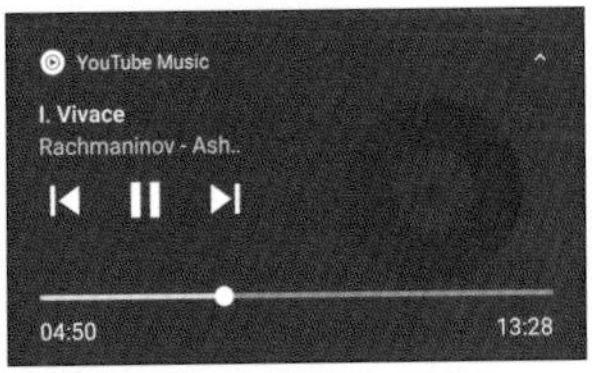

5

Section 43

写真や動画を撮影する

SH-41Aには、高性能なカメラが搭載されています。さまざまなシーンで自動で最適の写真や動画が撮れるほか、モードや、設定を変更することで、自分好みの撮影ができます。

写真や動画を撮る

① 電源キーをすばやく2回押すか、ホーム画面で をタッチします。

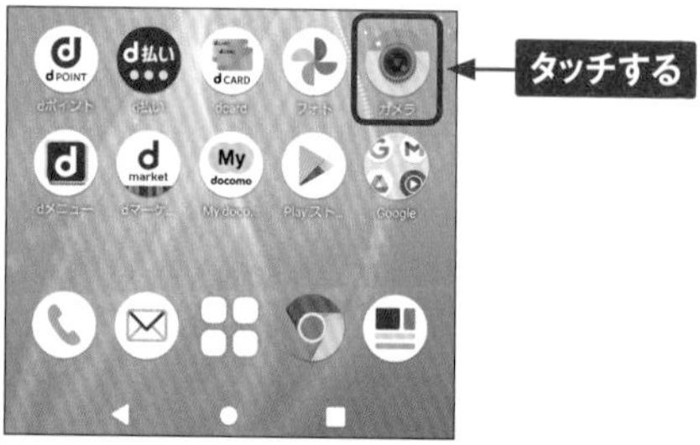

② 写真を撮るときは、カメラが起動したらピントを合わせたい場所をタッチして、 をタッチすると、写真が撮影できます。また、ロングタッチすると、連続撮影ができます。

③ 撮影した後、直前に撮影したデータアイコンをタッチすると、撮った写真を確認することができます。 をタッチすると、インカメラとアウトカメラを切り替えることができます。

4 動画を撮影したいときは、画面を下方向（横向き時。縦向き時は左）にスワイプするか、<ビデオ>をタッチします。

5 動画撮影モードになります。・をタッチします。

6 動画の撮影が始まり、撮影時間が画面右上に表示されます。撮影を終了するときは、をタッチします。

7 「フォト」アプリ（P.130参照）のアルバムで動画を選択すると、動画が再生されます。

5

撮影画面の見かた

❶	撮影メニュー（P.126参照）	❻	認識アイコン（P.128参照）
❷	モバイルライト（フラッシュ）	❼	直前に撮影したデータアイコン
❸	設定メニュー	❽	シャッターボタン
❹	Googleレンズ（P.127参照）	❾	インカメラ／アウトカメラ切り替え
❺	レンズ切り替え（P.125参照）	❿	撮影モード

レンズを切り替えて撮影する

1 カメラを起動すると、標準では標準レンズが選択されています。レンズ切り替えアイコンの下（縦向きの場合は左）のをタッチします。

2 広角レンズに切り替わります。

3 レンズ切り替えアイコンの上（縦向きの場合は右）のをタッチすると、望遠レンズに切り替わります。

4 画面をピンチアウトすると、デジタルズームで16倍まで拡大できます。

5

Section 44

カメラの撮影機能を活用する

SH-41Aのカメラには、自撮りをきれいに撮れる機能や、撮影した被写体やテキストをすばやく調べることができる機能などがあり、活用すれば撮影をより楽しめます。

撮影メニューを変更する

1 カメラを起動し、をタッチします。

2 撮影メニューが一覧で表示されます。マニュアルモードに切り替えたり、フィルターや効果を適用した写真を撮影したりすることができます。

3 手順①の画面で、左上のをタッチすると、設定メニューが表示されます。写真のサイズや、インテリジェントフレーミング、HDRなどの設定を行うことができます。

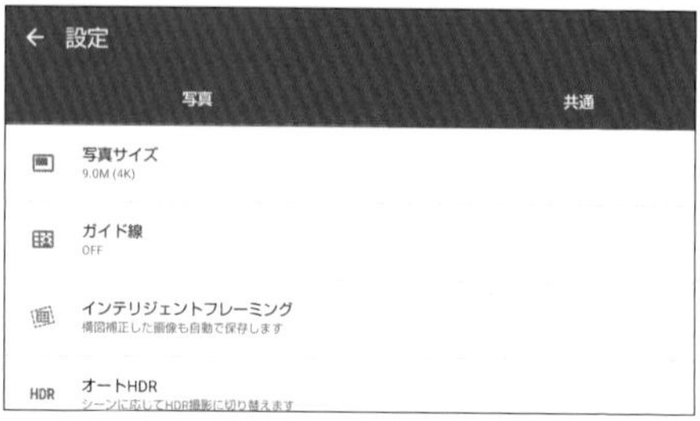

Google Lensで撮影したものをすばやく調べる

① カメラを起動し、をタッチします。初回起動時は<カメラをオンにしてレンズを使用>→<許可>の順にタッチします。

② 調べたいものにカメラをかざし、画面上のをタッチし、シャッターボタンをタッチします。

③ 調べたいもの名前などの情報が表示されます。を上にスライドします。

④ さらに詳しい情報をWeb検索で調べることができます。

5

AIの自動認識をオフにする

5

① SH-41Aは、認識したシーンや被写体によって、最適な画質やシャッタースピードで撮影することができます。AIが被写体を認識すると、右上のアイコンが変化します。

② 色味などが変わるので、そのまま撮影したい場合は、アイコンをタッチして自動認識をオフにします。

③ 自動認識がオフになりました。再度有効にする場合は、もう一度アイコンをタッチします。

MEMO

AIライブシャッター

動画の撮影中に、AIが人物などを認識したり構図を判断して、自動で写真を撮影します。撮影された写真は、画面の上部にアイコンとして一時的に表示されます。動画の撮影中に◯をタッチして手動で写真を撮影することもできます。

AIが認識する被写体やシーン

AIが認識する被写体やシーンは、人物、犬、猫、料理、花、黒板／ホワイトボード、花火、夜景です。

●犬

●猫

●料理

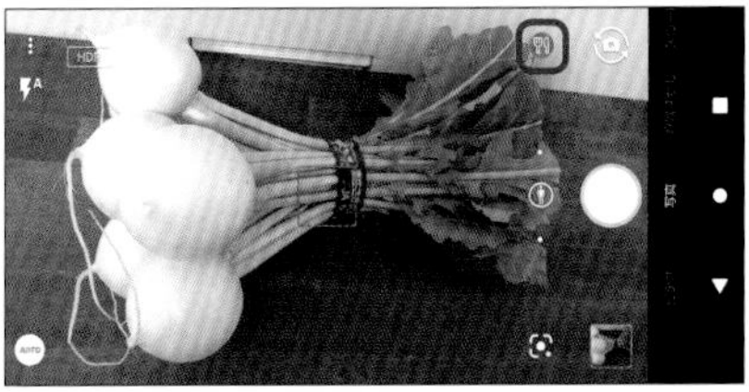

●花

●夜景

Section 45

Googleフォトで写真や動画を閲覧する

SH-41Aには、写真や動画の閲覧用アプリが最初からインストールされています。撮影した写真や動画は、その場ですぐに再生して楽しむことができます。

「フォト」アプリを起動する

1 ホーム画面で＜フォト＞をタッチします。

2 ＜バックアップをオンにする＞をタッチすると、写真や動画がGoogleドライブにアップロードされます。次の画面で、＜高画質＞か＜元のサイズ＞を選びます。バックアップの設定は後から変更することもできます（P.135参照）。

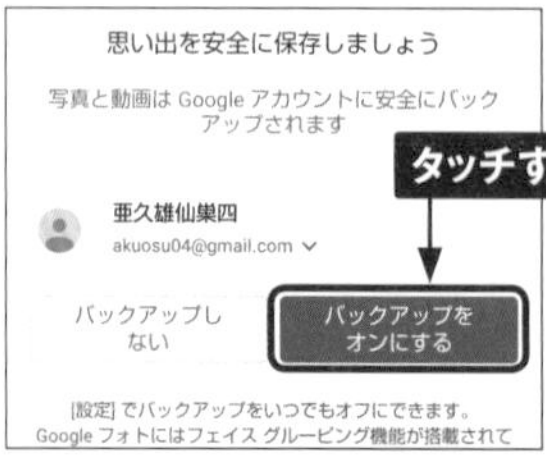

3 「フォト」画面が表示されます。写真や動画のサムネイルをタッチします。

4 写真や動画が表示されます。

写真や動画を削除する

1 「フォト」アプリを起動して、削除したい写真をロングタッチします。

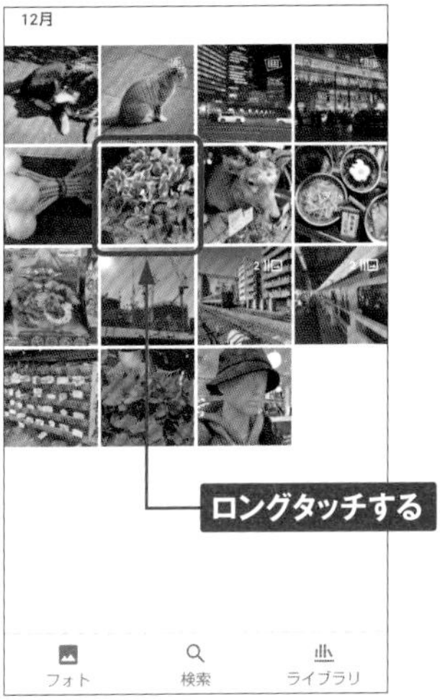

2 写真が選択されます。複数の写真を削除したい場合は、ほかの写真もタッチして選択しておきます。選択が完了したら🗑をタッチします。

3 <ゴミ箱に移動>をタッチします。

4 選択した写真が削除されます。

写真を編集する

5

① 「フォト」アプリで写真を表示して、をタッチします。

② 写真を自動補正するには、＜補正＞、＜ウォーム＞、＜クール＞のいずれかを選んでタッチします。

③ 編集が適用された写真が表示されます。いずれの編集の場合も、＜キャンセル＞をタッチすると、編集をやり直すことができます。編集結果に納得がいったら＜保存＞をタッチします。

④ 元の写真を置き換えるか、コピーして新しい写真を保存するかを選んでタッチします。

5 手順①の画面で<切り抜き>をタッチすると、写真をトリミングしたり、回転させたりすることができます。

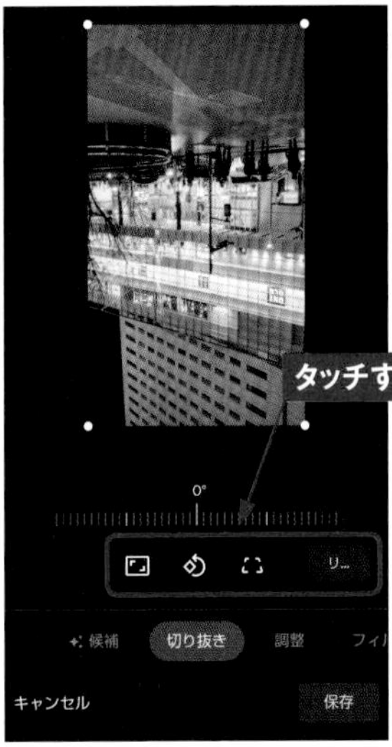

6 <調整>をタッチすると、明るさやコントラストの変更や、肌の色の修正を行うことができます。

7 <フィルタ>をタッチすると、フィルタを適用して写真の雰囲気を変更することができます。

8 <その他>をタッチすると、写真に絵や文字を書き込んだり、「Photoshop Express」の編集機能を利用することができます。

動画を編集する

1 「フォト」アプリで動画を表示して、をタッチします。

2 画面の下部に表示されたフレームをタッチして場面を選び、<フレーム画像をエクスポート>をタッチすると、その場面が写真として保存されます。またをタッチすると、動画の手ブレを補正することができます。

3 画面の下部に表示されたフレームの左右のハンドルをドラッグして、動画をトリミングすることができます。<コピーを保存>をタッチすると、新しい動画として保存されます。

MEMO 動画のフォーカス再生

手順①の画面で、画面上部の<フォーカス再生>をタッチすると、AIが被写体を認識して、自動的にズームや追尾した動画が再生されます。<保存>をタッチすると新しい動画として保存されます。

Section 46

Googleフォトを活用する

「フォト」アプリでは、写真をバックアップしたり、写真を検索したりできる便利な機能が備わっています。また写真は自動的にアルバムで分類されるので、撮影した写真をかんたんにまとめてくれます。

バックアップする写真の画質を確認する

1 「フォト」アプリで、右上の頭文字アイコンをタッチし、<フォトの設定>をタッチします。

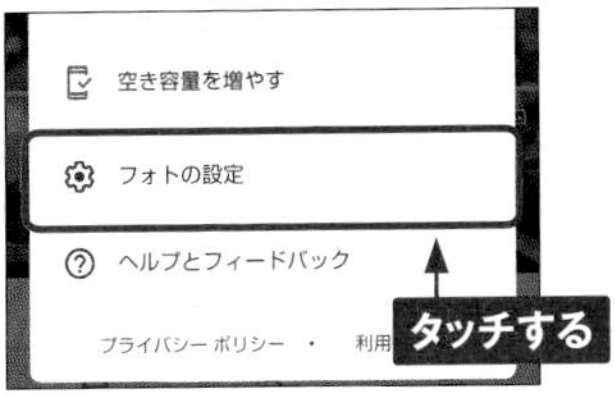

2 <バックアップと同期>をタッチします。

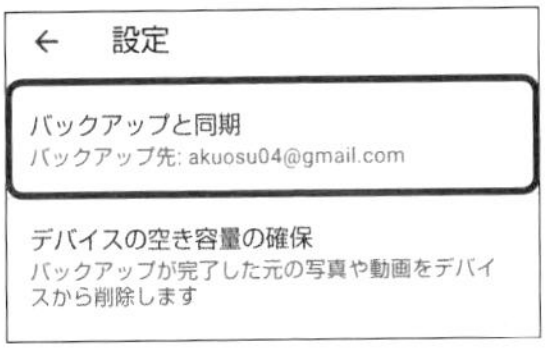

3 <アップロードサイズ>をタッチします。

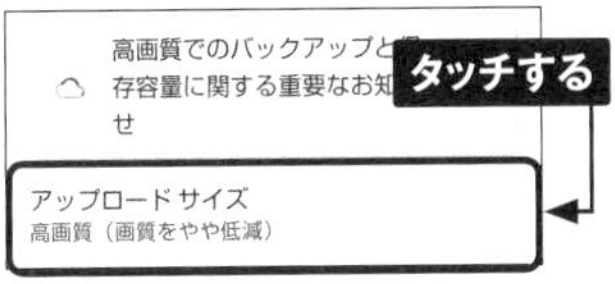

4 <高画質>もしくは<元の画質>をタッチして選択します。

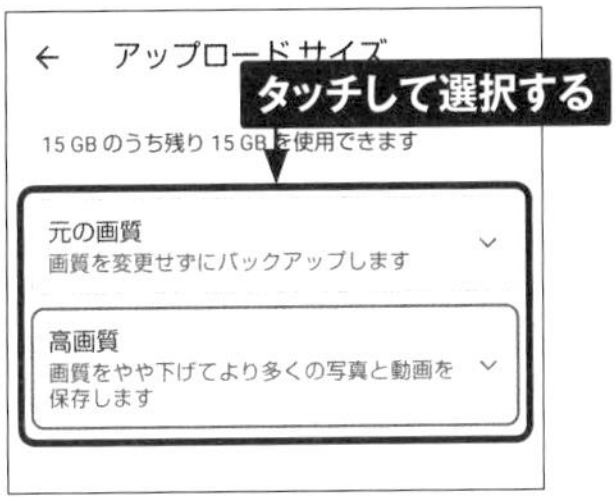

アップロードサイズの違い

手順④で<高画質>をタッチすると、ファイルサイズが削減され、無制限に写真を保存することができます。それに対して、<元の画質>をタッチすると、オリジナルの写真のまま保存できますが、保存できる枚数は、Googleドライブの容量の上限（標準で15GB）までとなります。

写真を検索する

1 「フォト」アプリを起動し、<検索>をタッチします。

2 キーワードを入力し、✓をタッチします。

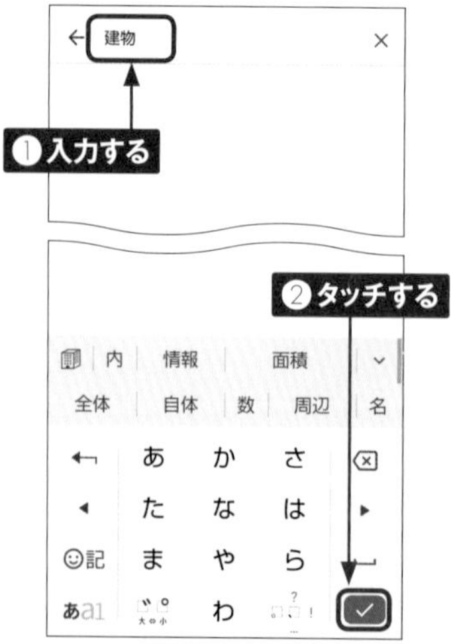

3 キーワードに対応した写真の一覧が表示されます。

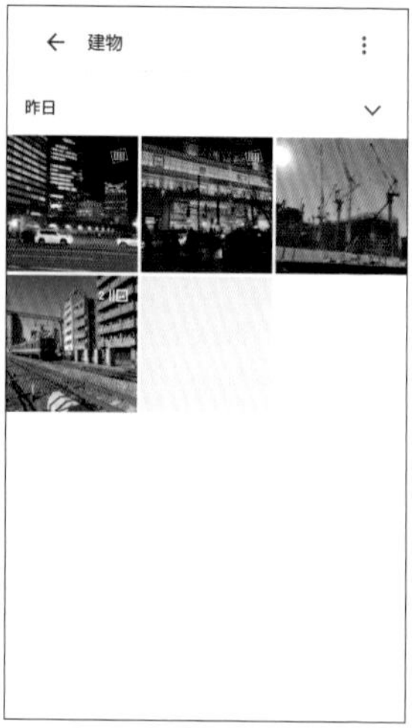

MEMO 写真内の文字で検索する

手順②の画面でキーワードを入力して、写真に写っている活字やフォントで、写真を探すこともできます。

Chapter 6

ドコモのサービスを使いこなす

Section 47

dメニューを利用する

SH-41Aでは、ドコモのポータルサイト「dメニュー」を利用できます。dメニューでは、ドコモのサービスにアクセスしたり、メニューリストからWebページやアプリを探したりすることができます。

メニューリストからWebページを探す

1 ホーム画面で<dメニュー>をタッチします。「dメニューお知らせ設定」画面が表示された場合は、<OK>をタッチします。

2 「Chrome」アプリが起動し、dメニューが表示されます。<メニューリスト>をタッチします。

3 「メニューリスト」画面が表示されます。画面を上方向にスライドします。

MEMO dメニューとは

dメニューは、ドコモのスマートフォン向けのポータルサイトです。ドコモおすすめのアプリやサービスなどをかんたんに検索したり、利用料金の確認などができる「My docomo」にアクセスしたりできます。

4 閲覧したいWebページのジャンルをタッチします。

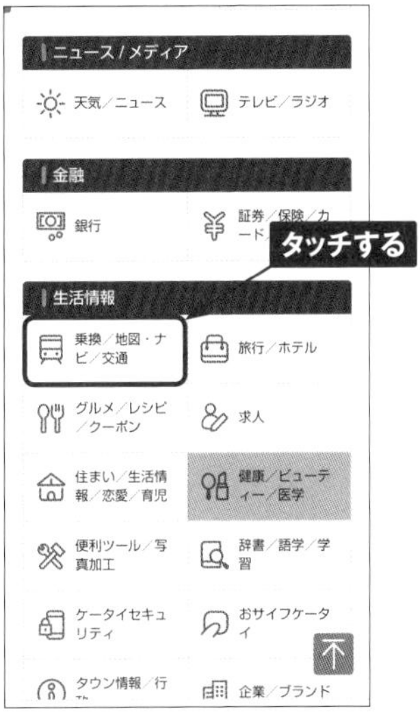

5 一覧から、閲覧したいWebページのタイトルをタッチします。アクセス許可が表示された場合は、<許可>をタッチします。

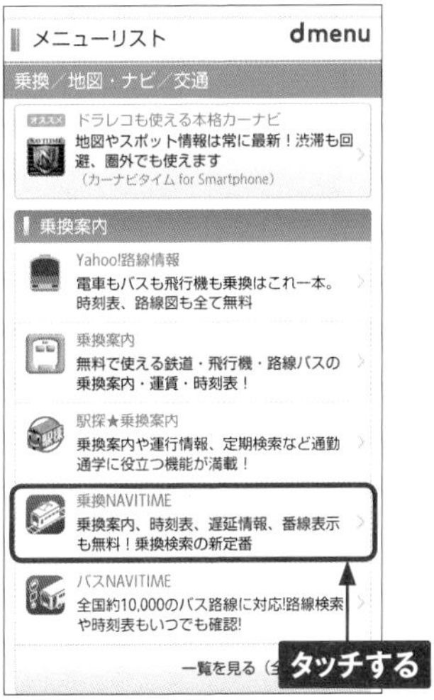

6 目的のWebページが表示されます。◀を何回かタッチすると一覧に戻ります。

MEMO **マイメニューの利用**

P.138手順②で<マイメニュー>をタッチしてdアカウントでログインすると、「マイメニュー」画面が表示されます。登録したアプリやサービスの継続課金一覧、dメニューから登録したサービスやアプリを確認できます。

Section 48

my daizを利用する

「my daiz」は、話しかけるだけで情報を教えたり、ユーザーの行動に基いた情報を自動で通知するサービスです。使い込めば使い込むほど、さまざまな情報が提供されます。

my daizの機能

my daizは、登録した場所やプロフィールに基いた情報を表示するサービスです。有料版を使用すれば、ホーム画面のmy daizのアイコンが先読みして教えてくれるようになります。また、直接my daizと会話して質問したり本体の設定を変更したりすることもできます。

●アプリで情報を見る

「my daiz」アプリで「NOW」タブを表示すると、道路の渋滞情報を教えてくれたり、帰宅時間に雨が降りそうな場合に傘を持っていくよう提案してくれたりなど、ユーザーの登録した内容と行動に基づいた情報が先読みして表示されます。

●my daizと会話する

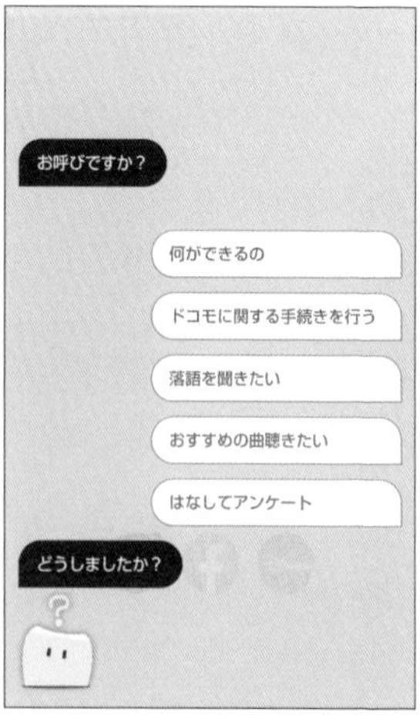

「my daiz」アプリで「マイデイズ」と話しかけると、対話画面が表示されます。マイクアイコンをタッチして話しかけたり、キーボードから文字を入力したりすることで、天気予報の確認や調べ物、アラームやタイマーなどの設定ができます。

my daizを利用できるようにする

① ホーム画面でmy daizのキャラをタッチするか、アプリ一覧画面で<my daiz>をタッチします。

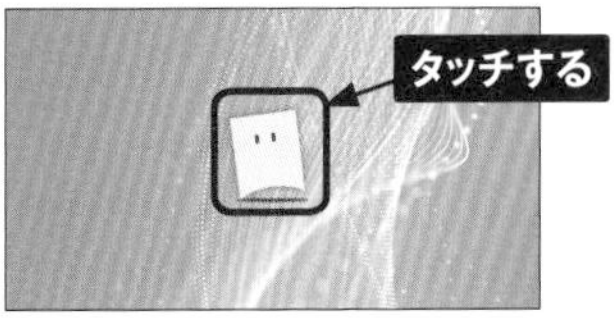

② 初回起動時は機能の説明画面が表示されます。<はじめる>→<次へ>の順にタッチし、<許可>を5回タッチします。

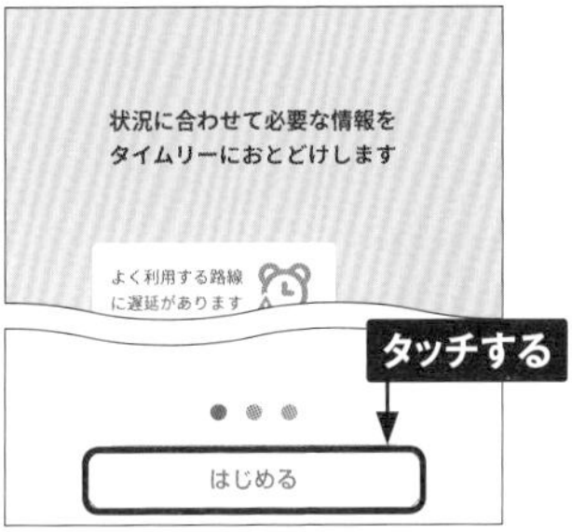

③ 初回は利用規約が表示されるので、上方向にスライドして「上記事項に同意する」のチェックボックスをタッチしてチェックを付け、<同意する>→<あとで設定>の順にタッチします。

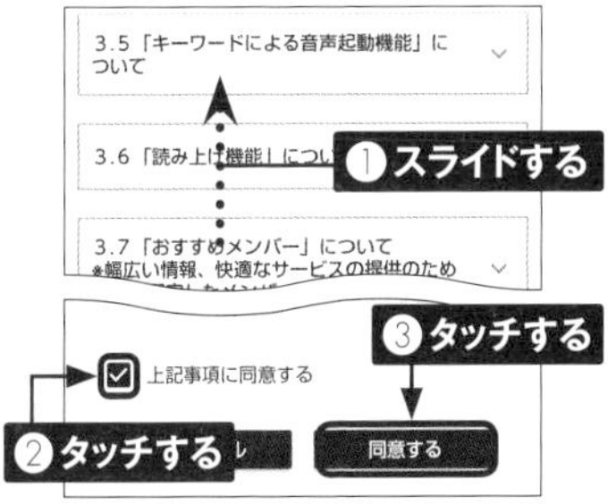

④ キャンペーン画面が表示されたら、<閉じる>をタッチすると、「my daiz」が起動します。≡をタッチしてメニューを表示し、<設定>をタッチします。

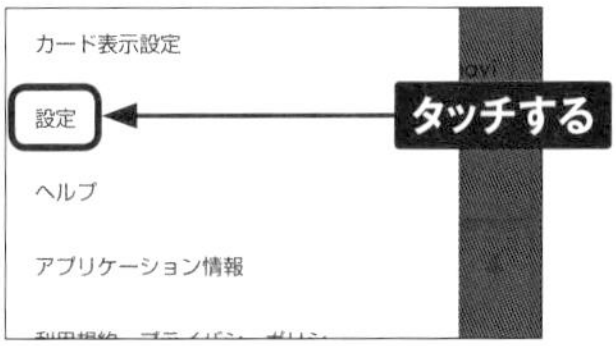

⑤ <プロフィール>をタッチしてdアカウントのパスワードを入力すると、さまざまな項目の入力画面が表示されます。未設定の項目は入力を済ませましょう。

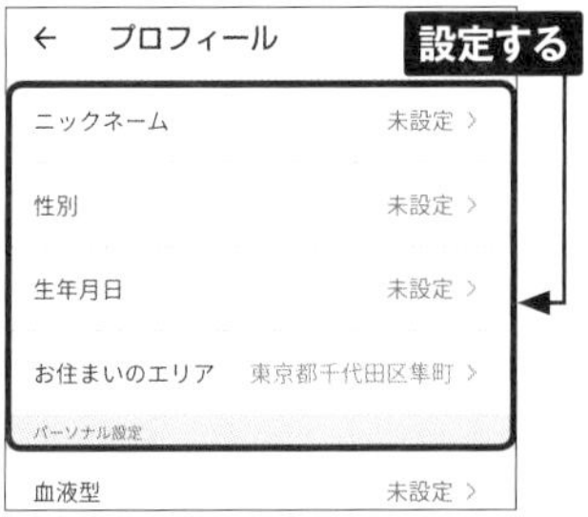

⑥ 手順④のあとに<コンテンツ・機能>をタッチすると、ジャンル別にカードの表示や詳細を設定できます。

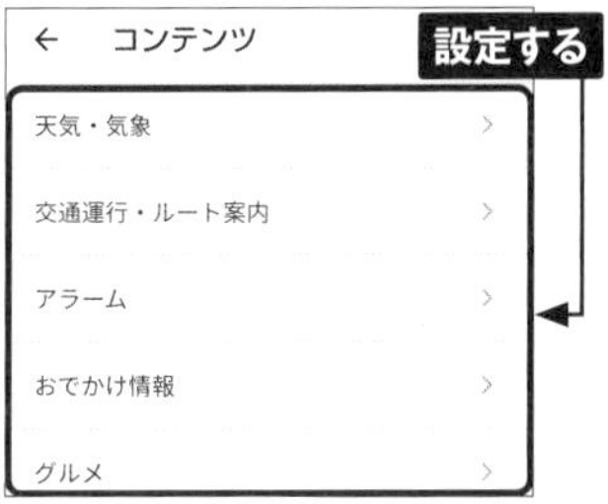

dマーケットを利用する

SH-41Aでは、ドコモが提供するコンテンツ購入アプリ「dマーケット」を利用できます。dマーケットでは、音楽（着うた）やゲーム、電子書籍などを購入できます。

dマーケットとは

「dマーケット」は、ドコモが提供するショッピングやゲーム・ミュージックなどさまざまなコンテンツを利用できるサービスです。商品ごとに購入したり、月額の使用料で使い放題にしたりできるサービスがあります。コンテンツの支払いは、毎月のSH-41Aの利用料金といっしょの請求にすることができます。また、キャンペーンやミニゲームでdポイントをためて、商品を購入することもできます。

dアカウントを登録していれば、たまったdポイントでコンテンツを購入したり、SH-41Aの利用料金の請求とまとめて支払いを行ったりすることができます。

dマーケット内にはさまざまなジャンルのストアがあります。無料のくじやすごろくのようなミニゲームでdポイントをためて、商品を購入することもできます。

dマーケットで音楽を購入する

1 ホーム画面で<dマーケット>をタッチします。

2 プライバシーポリシーが表示された場合は、□をタッチして、☑にし、<利用開始>をタッチします。

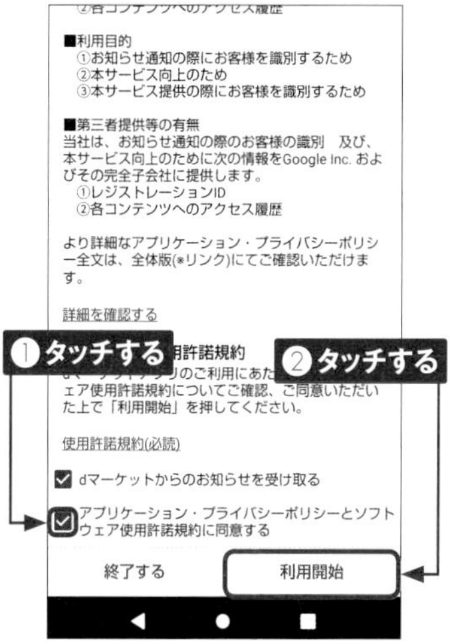

3 「dマーケットへようこそ」画面が表示されるので、✖をタッチすると、dマーケットが表示されます。案内画面を閉じ、「ストアを探す」の<ミュージック>をタッチします。

4 「dミュージック」画面が表示されます。検索ボックスをタッチしてアーティスト名を入力し、🔍をタッチします。

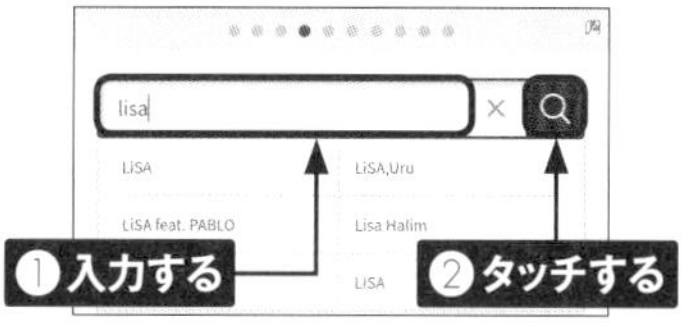

5 音楽や着うたの検索結果が表示されます。購入したい曲を選んでタッチし、画面の指示に従って購入の手続きを行います。

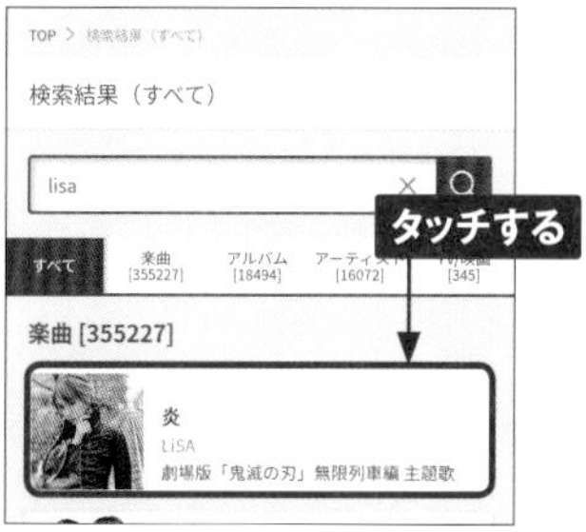

My docomoを利用する

「My docomo」では、契約内容の確認・変更などのサービスが利用できます。利用の際には、dアカウントの入力（P.36参照）が必要です。

契約情報を確認する

1 ホーム画面で<dメニュー>をタッチします。

2 Chromeが起動して<dメニュー>のWebページが開くので、<My docomo>をタッチします。

3 <My docomo> のWebページが開くので、<ログインして表示>をタッチします。

4 dアカウントのIDを入力して<次へ>をタッチします。

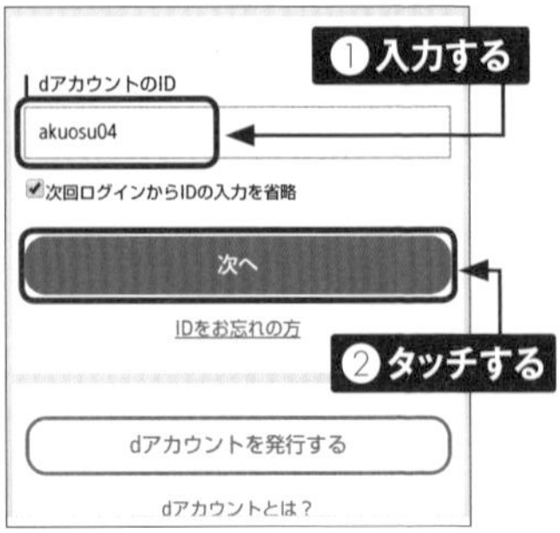

5 dアカウントのパスワードを入力して<ログイン>をタッチします。

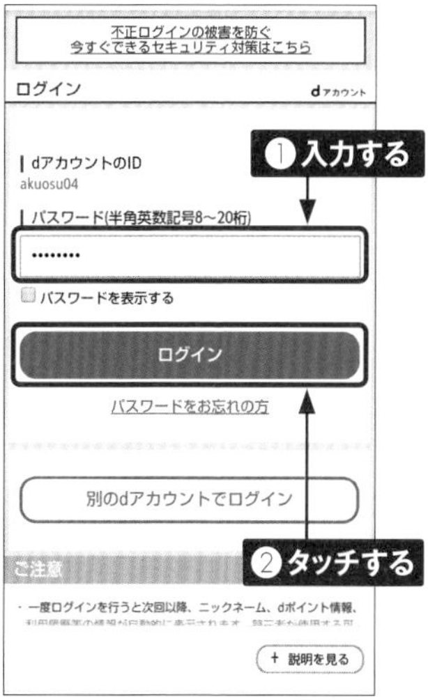

6 <データ量>をタッチします。

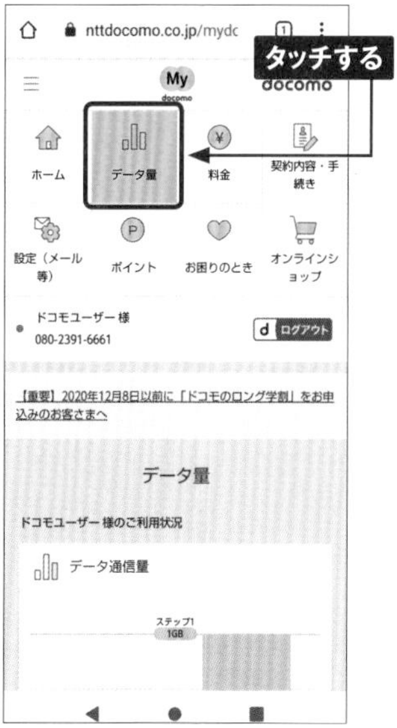

7 画面を上方向にスライドすると、「データ通信量」を確認することができます。

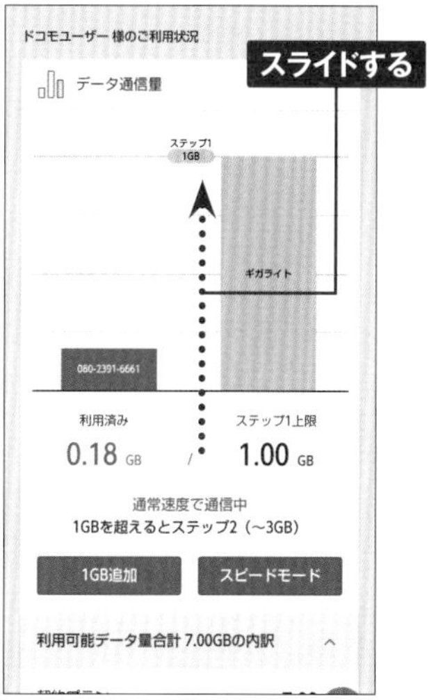

8 <料金>をタッチします。

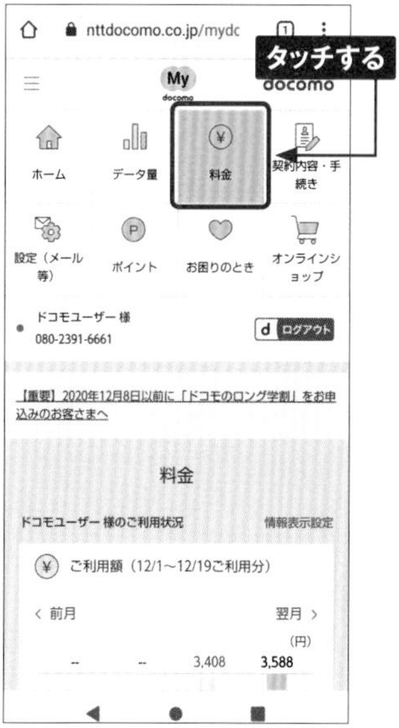

⑨ 画面を上方向にスライドすると、過去の月ごとの利用料や、料金プランを確認することができます。

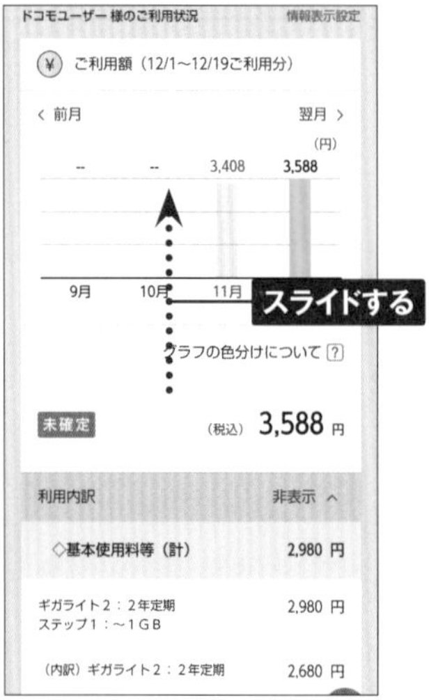

⑩ ＜契約内容・手続き＞をタッチします。

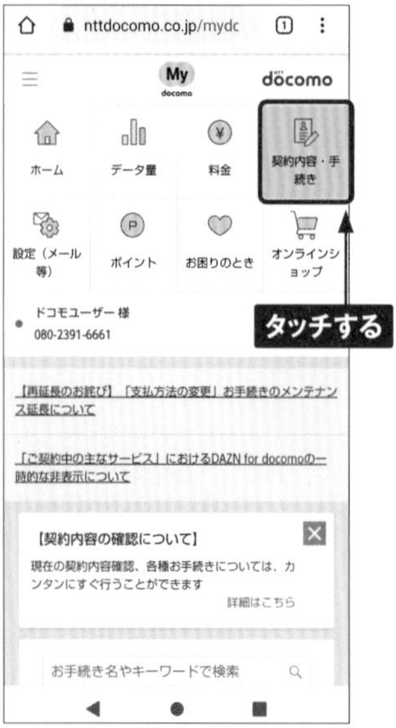

⑪ 契約中のドコモサービスを確認することができます。

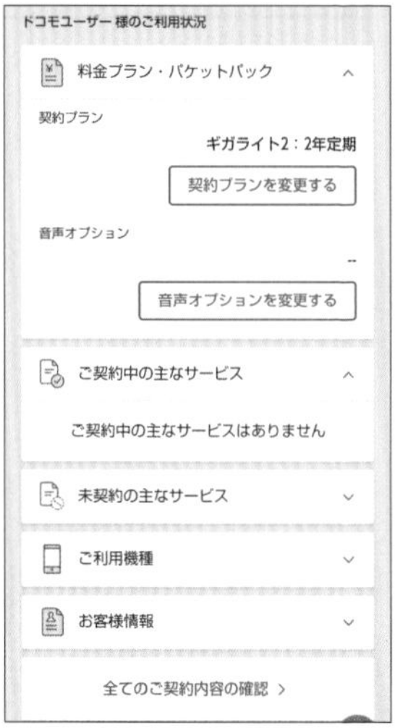

⑫ 手順⑪の画面で、＜ご契約中の主なサービス＞や＜未契約の主なサービス＞をタッチすると、サービスの解約や申込みを行うことができます。

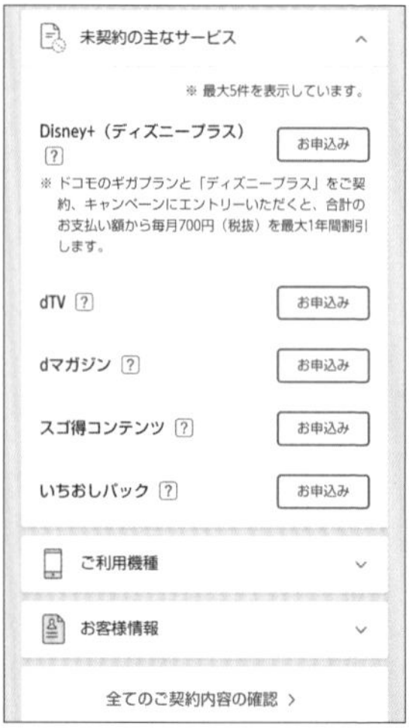

Section 51

ドコモのアプリをアップデートする

ドコモの各種サービスを利用するためのアプリは、設定画面からインストールしたり、アップデートしたりすることができます。ここでは、アプリをアップデートする手順を紹介します。

ドコモアプリをアップデートする

1 設定メニューを開いて、<ドコモのサービス／クラウド>をタッチします。

2 <ドコモアプリ管理>をタッチします。

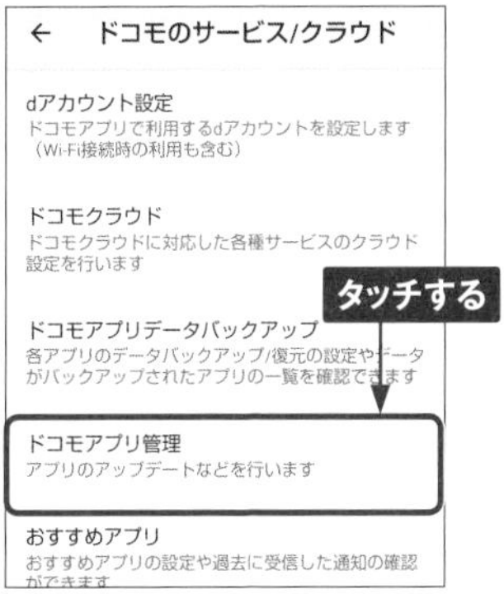

3 個別にアップデートしたい場合は、一覧からアプリ（ここでは<Disney DX>）をタッチします。

4 <アップデート>をタッチすると、アップデートが行われます。

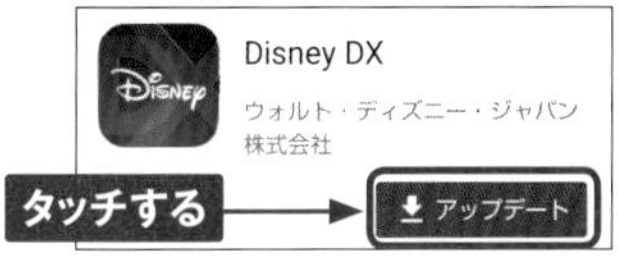

MEMO ステータスバーへの通知

ステータスバーに「アップデートがあります。」という通知が表示されたときは、通知パネルで通知をタッチすると、手順③の画面が表示され、アップデートができます。

6

Section 52

マイマガジンでニュースをまとめて読む

マイマガジンは、自分で選んだジャンルのニュースが自動で表示される無料のサービスです。読むニュースの傾向に合わせて、より自分好みの情報が表示されるようになります。

好きなニュースを読む

① ホーム画面で をタッチするか、ホーム画面を上方向にスワイプします。

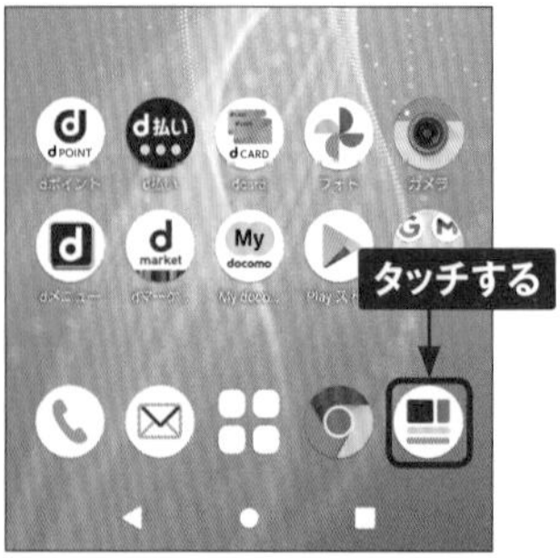

② 初回は「規約の確認」画面が表示されるので、<規約に同意して利用を開始>をタッチします。

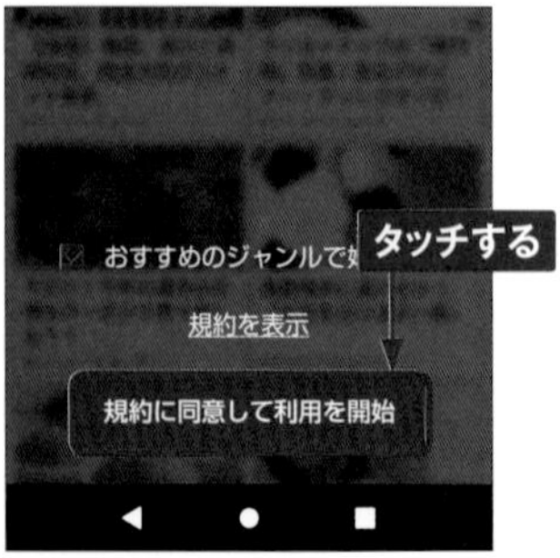

③ 画面を左右にフリックして、ニュースのジャンルを切り替え、読みたいニュースをタッチします。

MEMO ジャンルの追加

マイマガジンでは、読みたいニュースのジャンルを増やすことができます。手順③の画面でジャンルを左方向にフリックし、<もっと>をタッチします。<検索>をタッチして、ジャンル名を入力します。

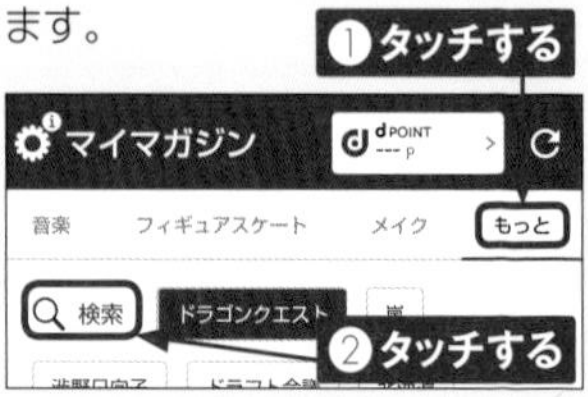

4 選んだニュースの詳細記事が表示されます。画面を左方向にフリックします。

どうぶつ
公園で出会った猫ちゃんを撫でると次第に可愛く甘えだす
12/14 13:30 | Money Times
フリックする
広々とした公園の芝生から大通りへトコトコと歩き出す1匹の猫ちゃん。カメラを近づけると一瞬は警戒するのですが、そのまま歩き出したかと思えばこちらの様子を伺うように立ち止まります。
暫く猫ちゃんの後をつ...

5 同カテゴリー（この場合は「どうぶつ」）で、違う内容の記事を閲覧できます。画面を上方向にスライドして、＜元記事サイトへ＞をタッチします。

冬の昼下がりはお昼寝タイム！犬と子猫のお昼寝風景にまったり和んでみたい午後
エンタメウィーク
❶スライドする
❷タッチする
冬の日の昼下がりには、まったりって言葉が似合う気がする。降り注ぐ日差し...
元記事サイトへ

6 「Chrome」アプリで元記事のWebページが表示され、全文を読むことができます。

冬の昼下がりはお昼寝...
【見せるだけ】おトクな割引クーポンをGET!
冬の昼下がりはお昼寝タイム！犬と子猫のお昼寝風景にまったり和んでみたい午後
マランダー
シェア
ツイート
LINE
冬の日の昼下がりには、まったりって言葉が似

MEMO ニュースの共有

気になるニュースは、メールやTwitterなどのSNSで共有することができます。手順④や⑤のように共有したい記事を表示して、画面右上のをタッチし、「共有」から共有したいアプリをタッチして選択し、＜1回のみ＞もしくは＜常時＞をタッチします。

＋メッセージ
データ保管BOX
ドライブ
ドライブに保存
Bluetooth
タッチする

Section 53

ドコモデータコピーでデータをバックアップする

ドコモデータコピーでは、電話帳やスケジュールなどのデータをmicroSDカードに保存できます。データが不意に消えてしまったときや、機種変更するときにすぐにデータを戻すことができます。

ドコモデータコピーでデータをバックアップする

1 アプリ一覧画面で<データコピー>をタッチします。

2 初回起動時に「ドコモデータコピー」画面が表示された場合は、<規約に同意して利用を開始>をタッチします。

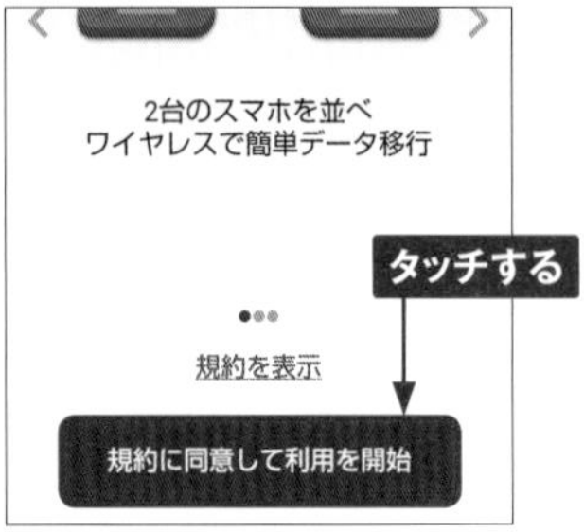

3 「ドコモデータコピー」画面で<バックアップ&復元>をタッチします。

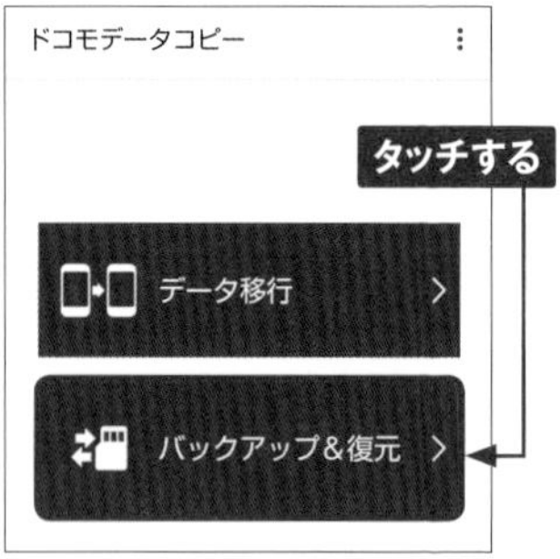

4 「アクセス許可」画面が表示されたら<スタート>をタッチし、<許可>を5回タッチして進みます。

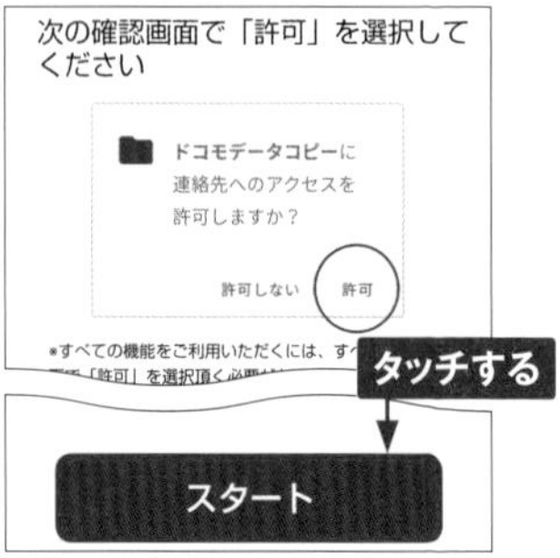

5 ＜バックアップ＞をタッチします。

6 「バックアップ設定」画面でバックアップする項目をタッチしてチェックを付け、＜バックアップ開始＞をタッチします。

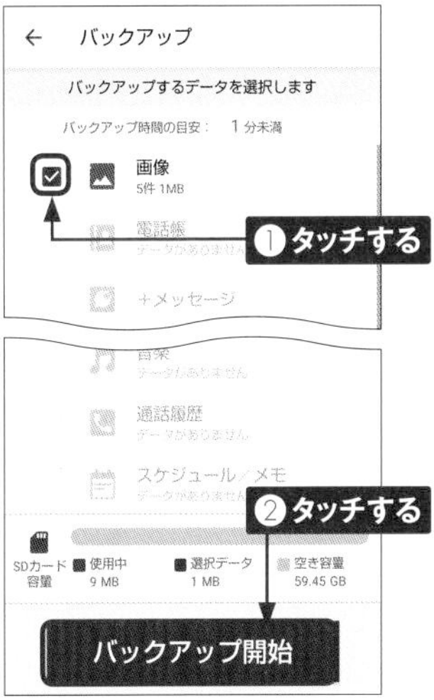

7 「確認」画面で＜開始する＞をタッチします。

8 バックアップが完了したら、＜トップに戻る＞をタッチします。

ドコモデータコピーでデータを復元する

1 P.151手順⑤の画面で<復元>をタッチします。

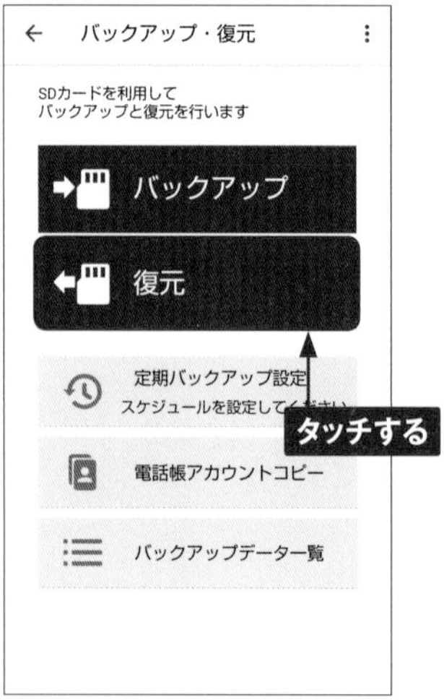

2 復元するデータをタッチしてチェックを付け、<次へ>をタッチします。

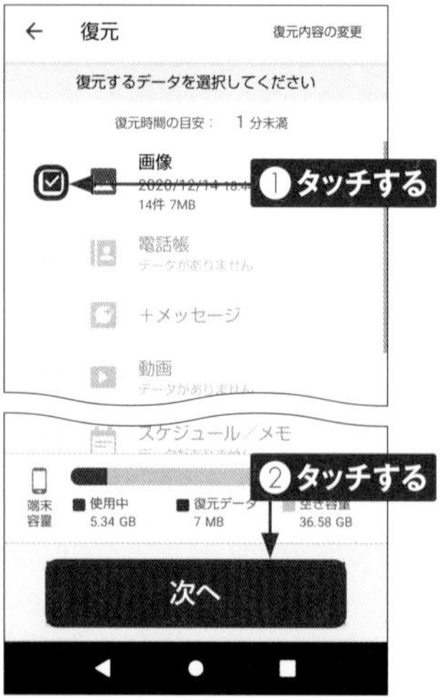

3 <復元開始>をタッチします。

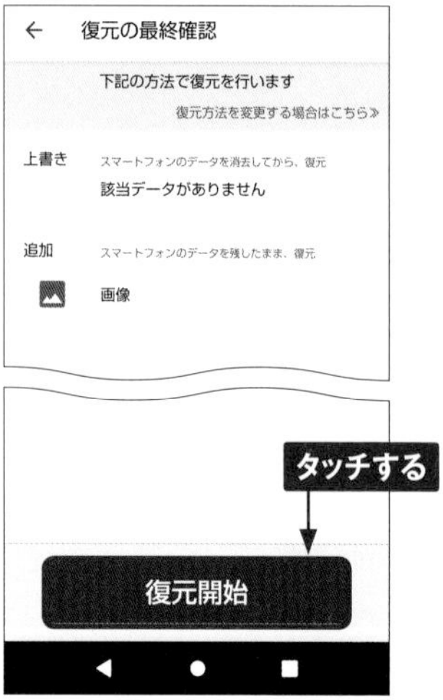

4 「確認」画面が表示されるので、<開始する>をタッチすると、データが復元されます。

6

Chapter 7

SH-41Aを使いこなす

Section 54

ホーム画面をカスタマイズする

ホーム画面には、アプリアイコンを配置したり、フォルダを作成してアプリアイコンをまとめることができます。よく使うアプリのアイコンをホーム画面に配置して、使いやすくしましょう。

アプリアイコンをホーム画面に追加する

① アプリ一覧画面を表示します。ホーム画面に追加したいアプリアイコンをロングタッチして、＜ホーム画面に追加＞をタッチします。

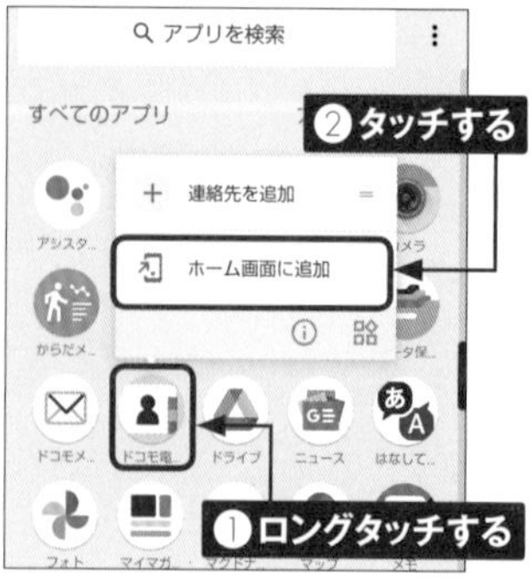

② ホーム画面にアプリアイコンが追加されます。

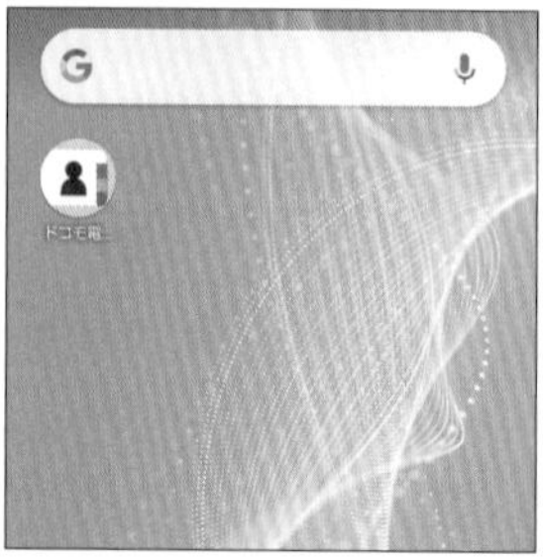

③ アプリアイコンをロングタッチしてそのままドラッグすると、好きな場所に移動することができます。

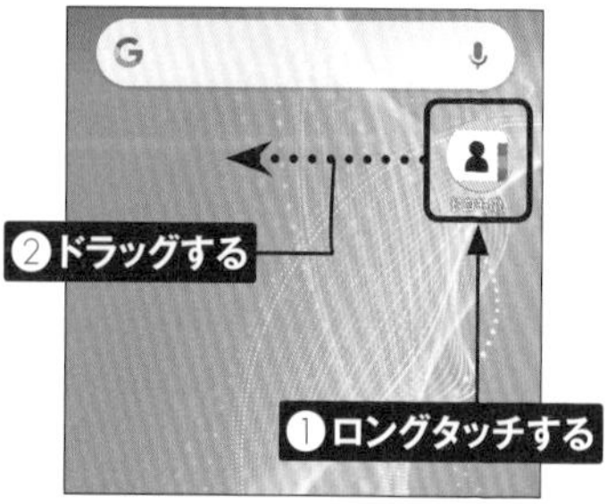

④ アプリアイコンをロングタッチして、画面上部に表示される＜削除＞までドラッグすると、アプリアイコンをホーム画面から削除することができます。

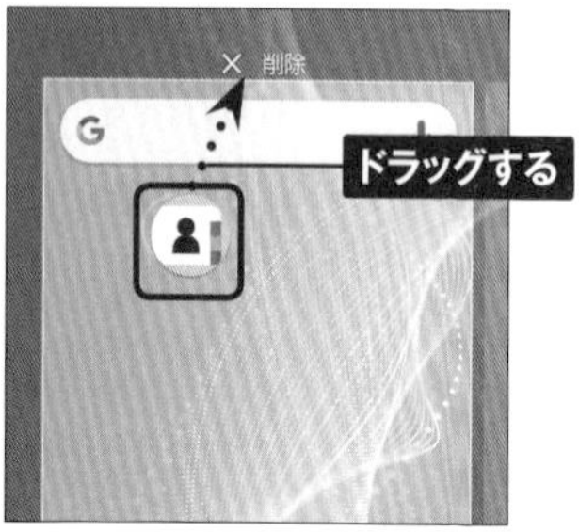

フォルダを作成する

1 ホーム画面のアプリアイコンをロングタッチして、フォルダに追加したいほかのアプリアイコンの上にドラッグします。

2 確認画面が表示されるので、<作成する>をタッチします。

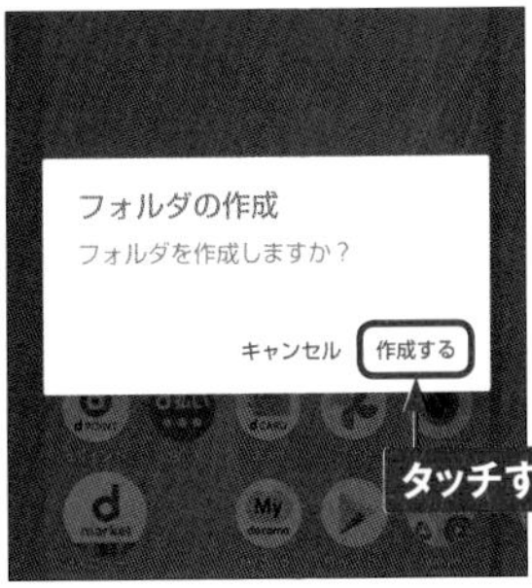

3 フォルダが作成されます。

4 フォルダをタッチすると開いて、フォルダ内のアプリアイコンが表示されます。

5 手順④で<フォルダ>をタッチすると、フォルダに名前を付けることができます。

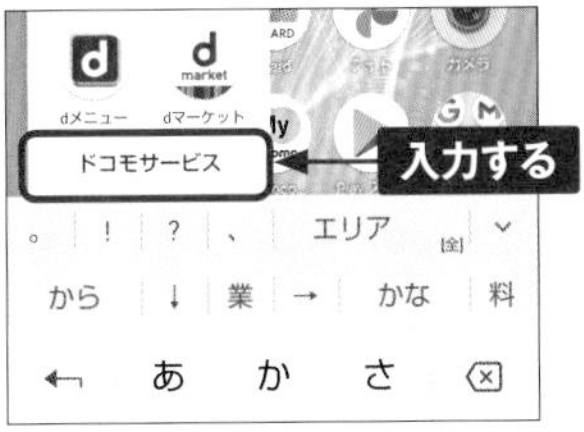

MEMO ドックのアイコンの入れ替え

ホーム画面下部にあるドックのアイコンは、入れ替えることができます。アイコンを任意の場所にドラッグし、代わりに配置したいアプリのアイコンを移動します。

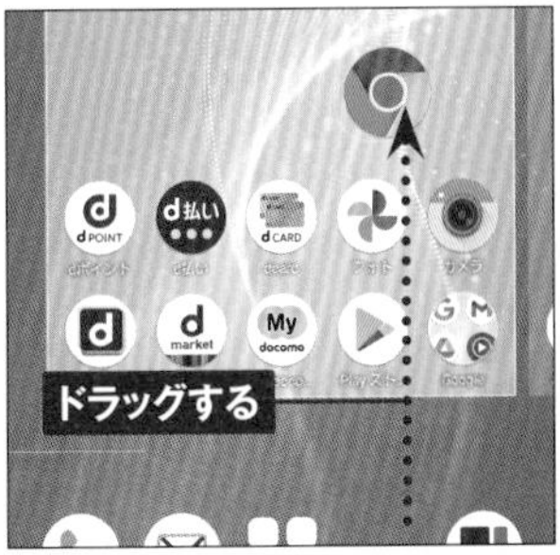

Section 55

壁紙を変更する

ホーム画面では、撮影した写真などSH-41A内に保存されている画像を壁紙に設定することができます。ロック画面の壁紙も同様の操作で変更することができます。

壁紙を変更する

① ホーム画面の何もないところをロングタッチします。

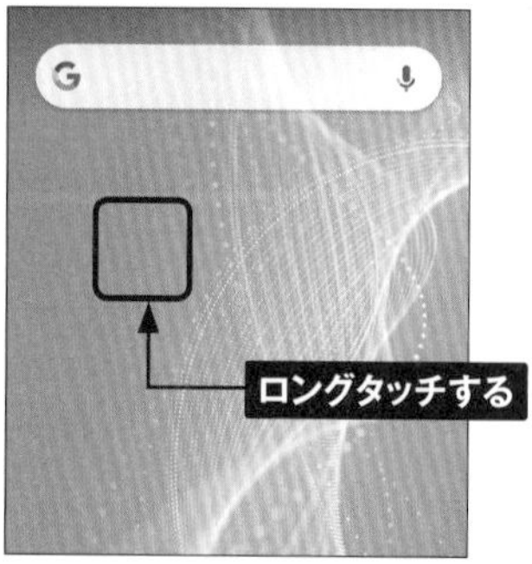

② 表示されたメニューの<壁紙>をタッチします。

③ <フォト>をタッチし、<1回のみ>または<常時>をタッチします。

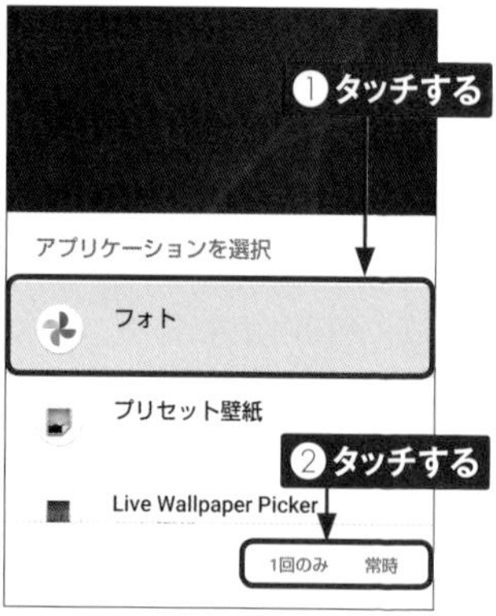

④ <カメラ>をタッチします。

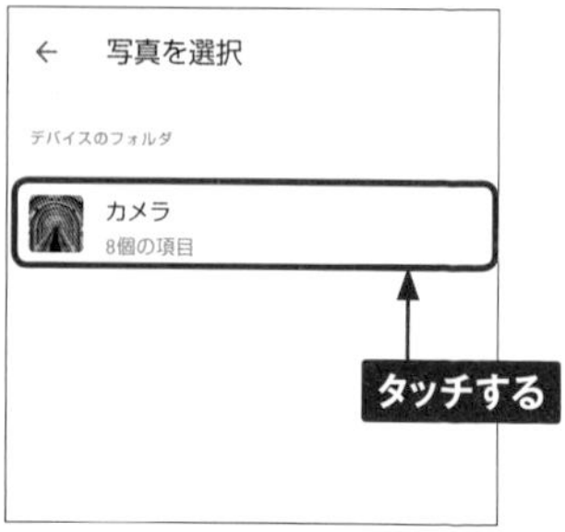

5 壁紙にする写真を選んでタッチします。許可に関する画面が表示されたら、<次へ>→<許可>をタッチします。

6 <ホーム画面>をタッチします。<ロック画面>や<ホーム画面とロック画面>を選んで、ロック画面の壁紙を設定することもできます。

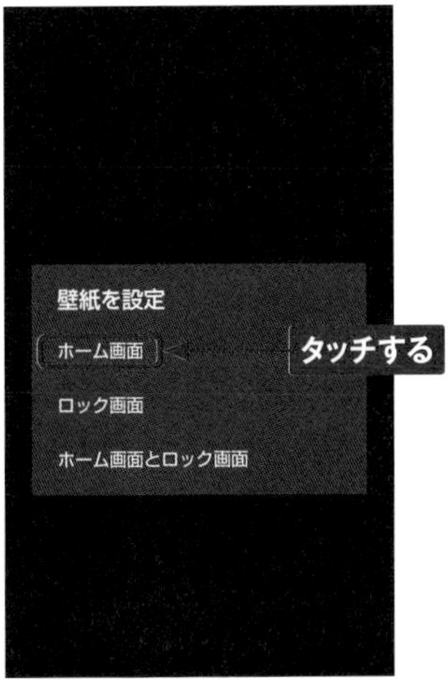

7 写真上のハンドルをドラッグして壁紙にする範囲を指定して、<保存>をタッチします。

8 ホーム画面の壁紙に写真が表示されます。

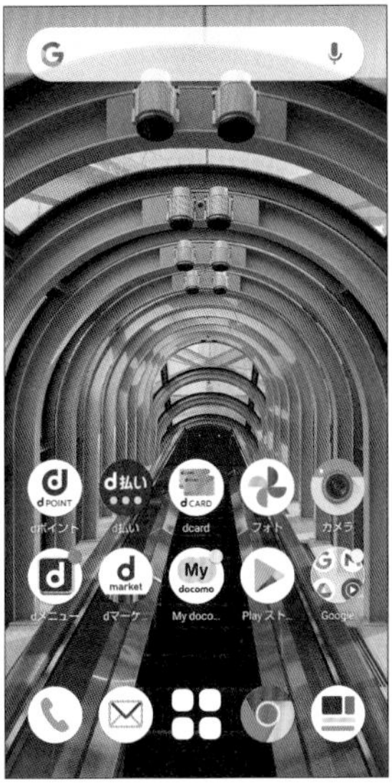

7

Section 56

不要な通知を表示しないようにする

通知はホーム画面やロック画面に表示されますが、アプリごとに通知のオン／オフを設定することができます。また、ステータスパネルから通知を選択して、通知をオフにすることもできます。

7

アプリからの通知をオフにする

1 設定メニューを開いて、<アプリと通知>→<○個のアプリをすべて表示>の順にタッチします。

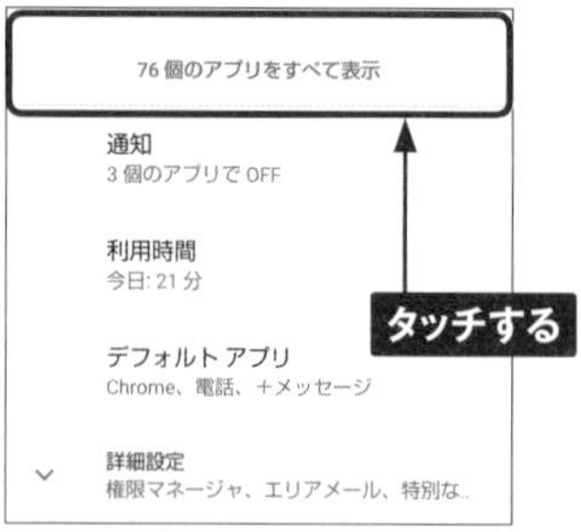

2 アプリの一覧が表示されます。通知をオフにしたいアプリ（ここでは<+メッセージ>）をタッチします。

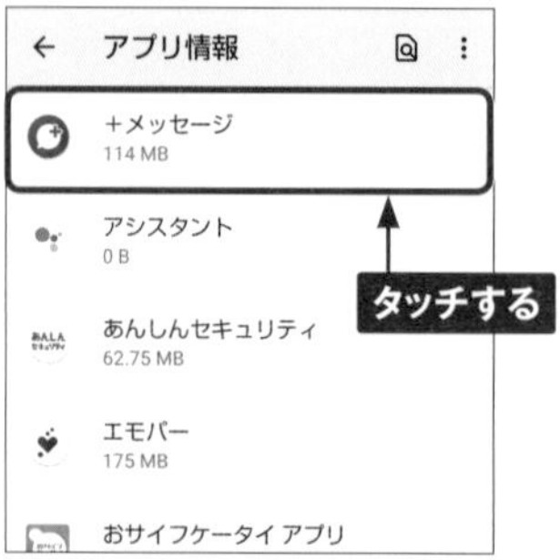

3 <通知>をタッチします。

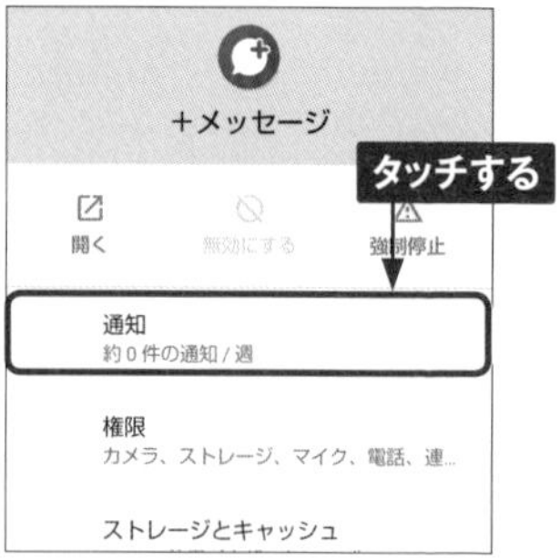

4 <通知の表示>をタッチしてオフにすると、アプリの通知がすべて表示されなくなります。通知の種類をそれぞれ個別にオフにすることもできます。

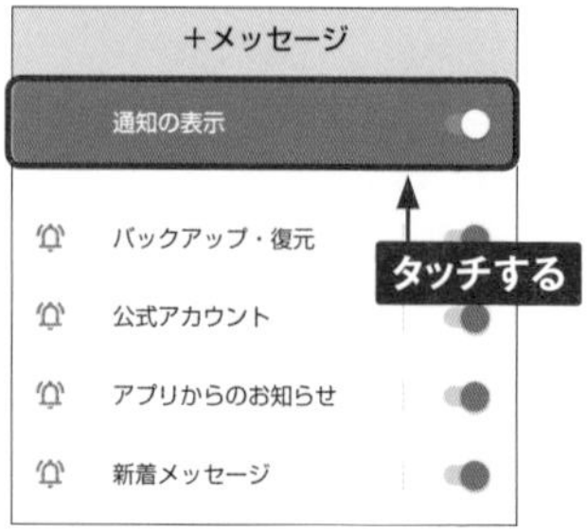

ステータスパネルで通知をオフにする

1 ステータスバーを下方向にドラッグします。

2 通知をオフにしたいアプリの通知を左方向にフリックして、をタッチします。

3 ＜通知をOFFにする＞をタッチします。

4 をタッチしてオフにし、＜適用＞をタッチします。

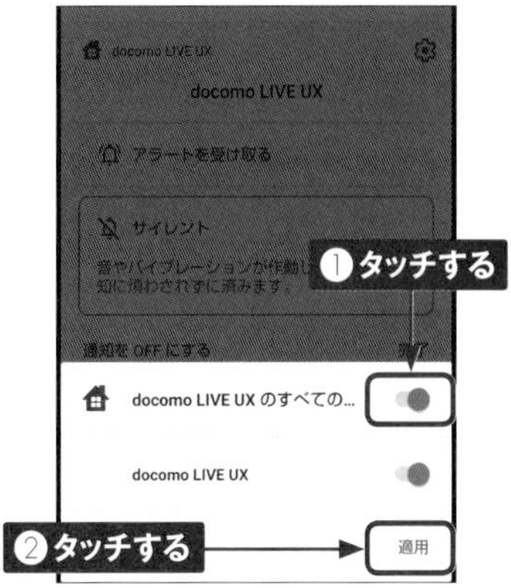

MEMO ロック画面での通知の非表示

P.158手順①の画面で＜通知＞→＜ロック画面上＞の順にタッチして、＜通知を表示しない＞をタッチすると、ロック画面に通知が表示されなくなります。

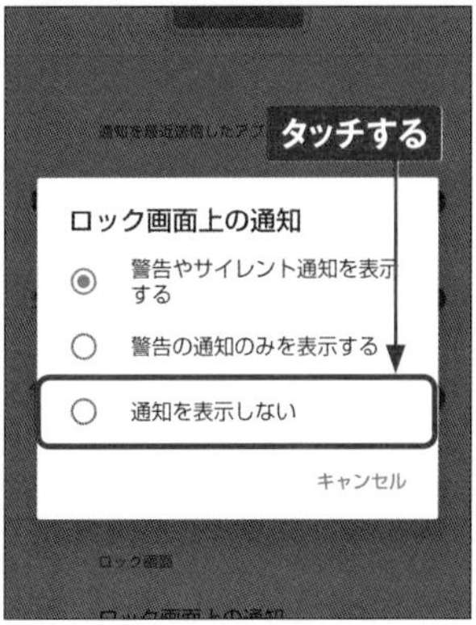

7

Section 57

画面ロックに暗証番号を設定する

SH-41Aは、「ロックNo.（PIN）」（暗証番号）を使用して画面にロックをかけることができます。なお、ロック画面の通知の設定が行われるので、変更する場合はP.159MEMOを参照してください。

画面ロックに暗証番号を設定する

① 設定メニューを開いて、＜セキュリティ＞＜画面ロック＞の順にタッチします。

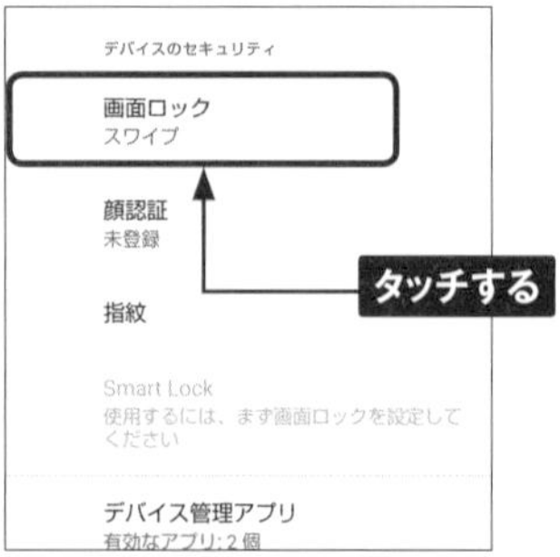

② ＜ロックNo.（PIN）＞をタッチします。「ロックNo.（PIN）」とは画面ロックの解除に必要な暗証番号のことです。

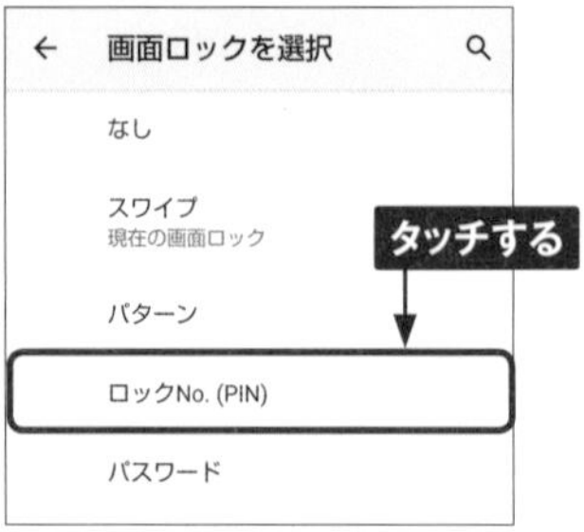

③ テンキーボードで4桁以上の数字を入力し、＜次へ＞をタッチして、次の画面でも再度同じ数字を入力し、＜確認＞をタッチします。

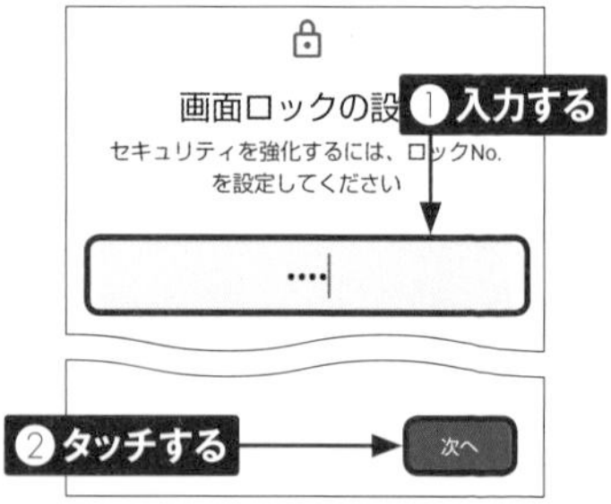

④ ロック画面の通知についての設定が表示されます。表示する内容をタッチしてオンにし、＜完了＞をタッチすると、設定完了です。

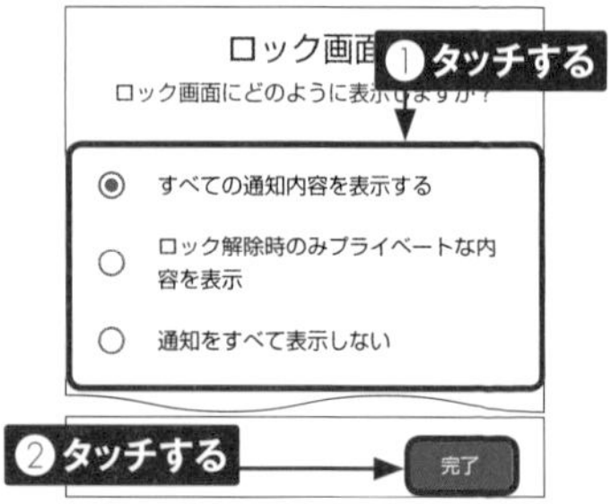

暗証番号で画面のロックを解除する

1. スリープモード（P.10参照）の状態で、電源キーを押します。

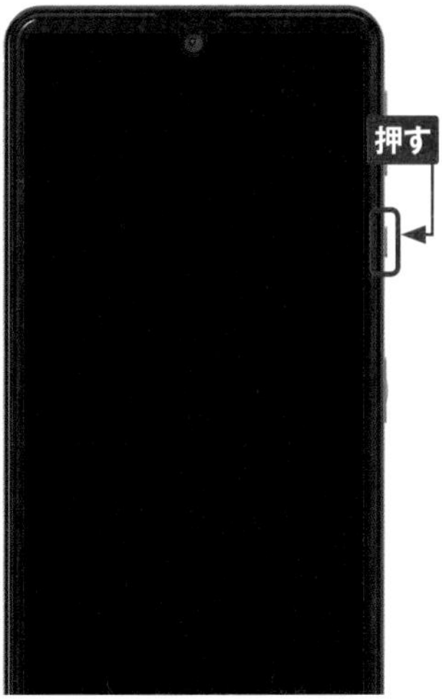

2. ロック画面が表示されます。画面を上にスワイプします。

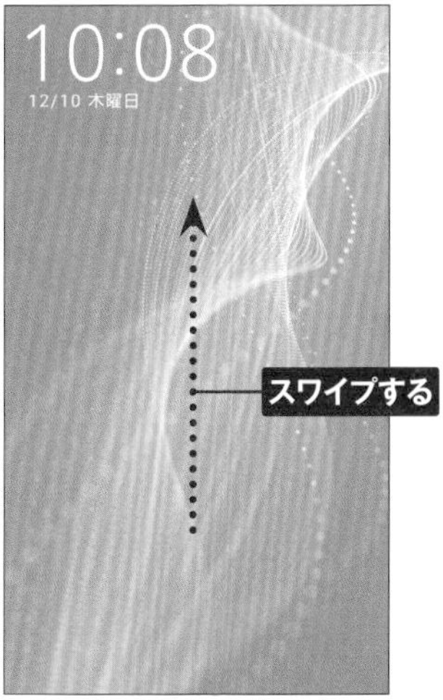

3. P.160手順③で設定した暗証番号（ロックNo.（PIN））を入力して→|をタッチすると、画面のロックが解除されます。

MEMO

暗証番号の変更

設定した暗証番号を変更するには、P.160手順①で<画面ロック>をタッチし、現在の暗証番号を入力して<次へ>をタッチします。表示される画面で<ロックNo.（PIN）>をタッチすると、暗証番号を再設定できます。初期状態に戻すには、<スワイプ>→<無効にする>の順にタッチします。

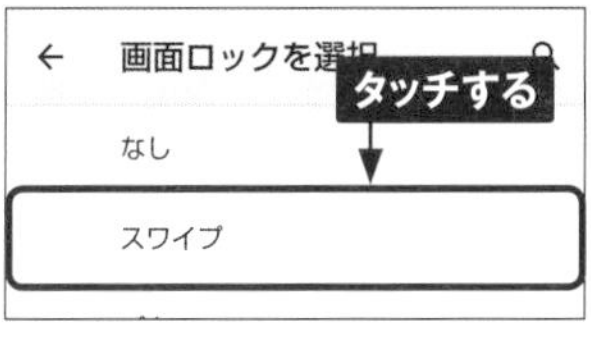

Section 58

指紋認証で画面ロックを解除する

SH-41Aは、指紋センサーを使用して画面ロックを解除することができます。指紋認証の場合は、予備の解除方法を併用する必要があります。

指紋を登録する

1 設定メニューを開いて、<セキュリティ>をタッチします。

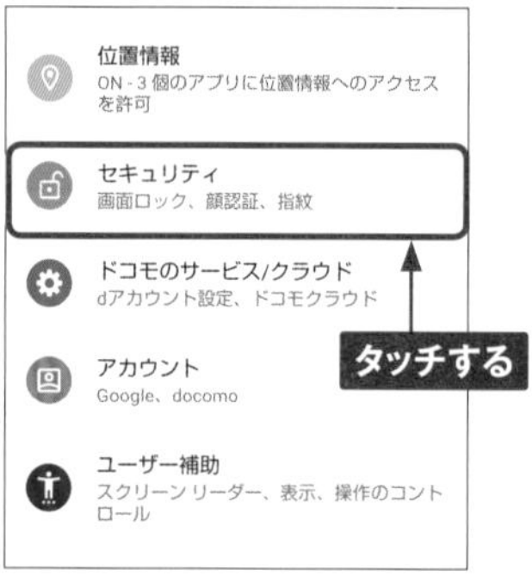

2 <指紋>をタッチします。

3 指紋のほかに、予備のロック解除方法が必要です。ロック解除を設定していない場合は、解除方法を選んで設定します（ここでは<指紋＋ロックNo.>をタッチしています）。

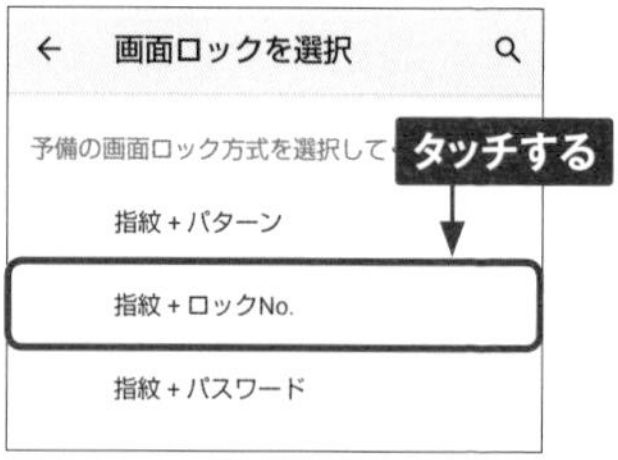

4 P.160手順③を参考に、ロックNo.を設定します。

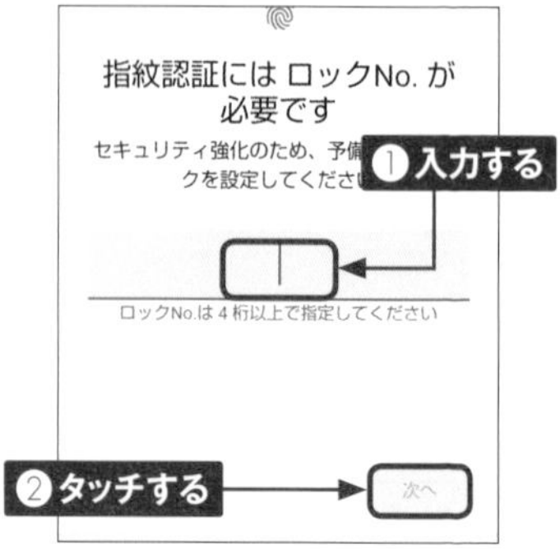

5 ロック画面に表示される通知の種類を選んで、<完了>をタッチします。

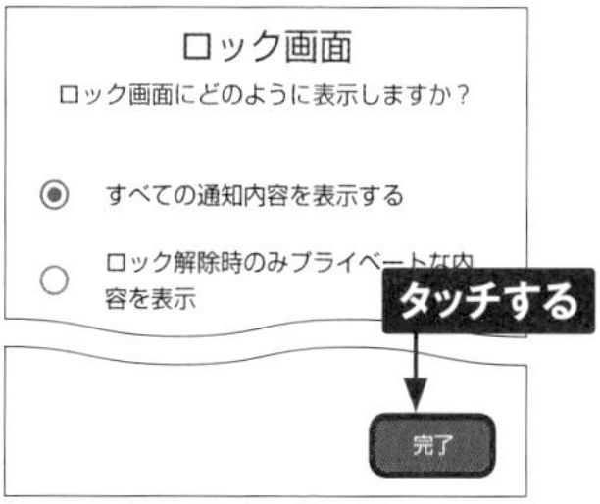

6 <次へ>→<次へ>の順にタッチします。

7 指紋センサーを指で触れると離すを、指をずらしながら繰り返します。

8 <完了>をタッチします。

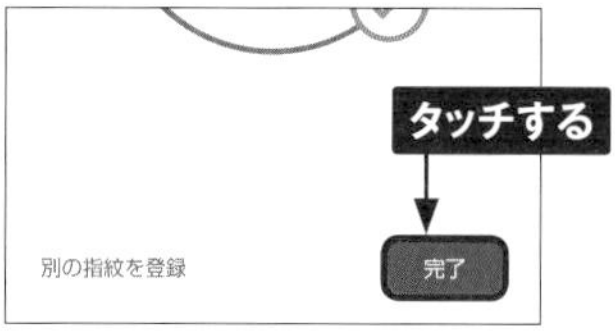

9 SH-41Aがスリープモードの時や、ロック画面で指紋センサーに触れると、画面ロックが解除されます。

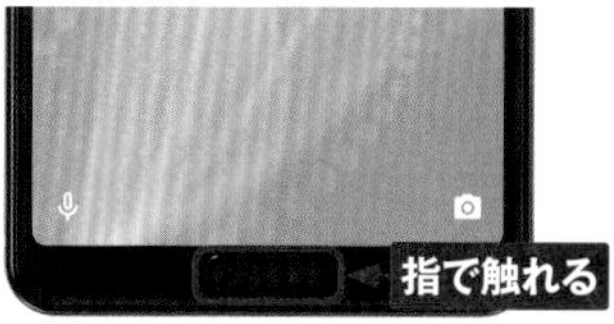

MEMO

指紋データの削除と追加

指紋を登録した後に、P.162手順①～②の操作を行うと、ロック解除の操作を行った後に、指紋の登録状況が表示されます。登録した指紋の🗑をタッチすると、指紋を削除することができます。また、画面下の<指紋を追加する>をタッチすると、ほかの指の指紋を追加登録することができます。

Section 59

顔認証で画面ロックを解除する

SH-41Aでは、顔認証を利用してロックの解除などを行うこともできます。顔認証でロックの解除を行うタイミングを設定することもできます。

顔データを登録する

① 設定メニューを開いて、<セキュリティ>→<顔認証>の順にタッチします。予備のロック解除を設定していない場合は、P.160を参考に設定します。

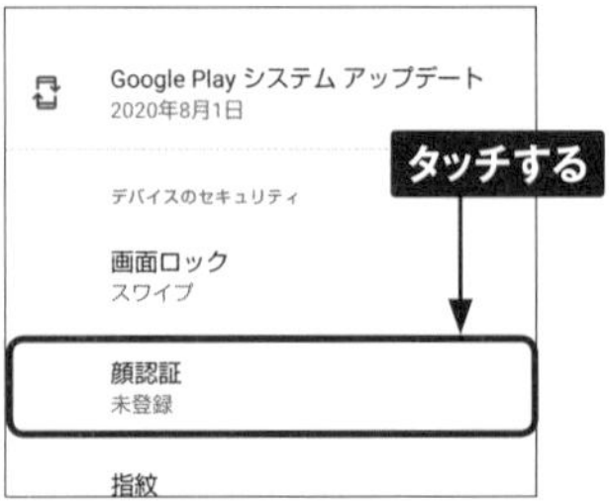

② 「顔認証によるロック解除」画面が表示されます。<次へ>→<OK>→<次へ>→<許可>の順にタッチします。

③ SH-41Aを顔にかざします。

④ 「ロック画面の解除タイミング」画面が表示されたら、<OK>をタッチします。

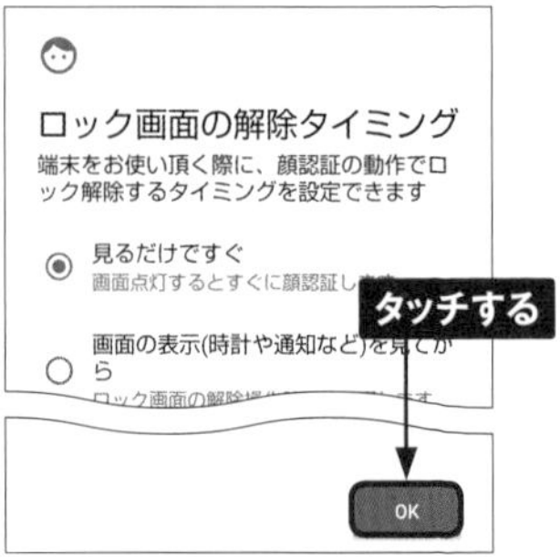

7

顔認証の設定を変更する

① P.164手順①の画面を表示し、<顔認証>をタッチします。ロック解除の操作を行います。

② 「顔認証」画面が表示され、ロックの解除タイミングの設定や顔データの削除を行えます。

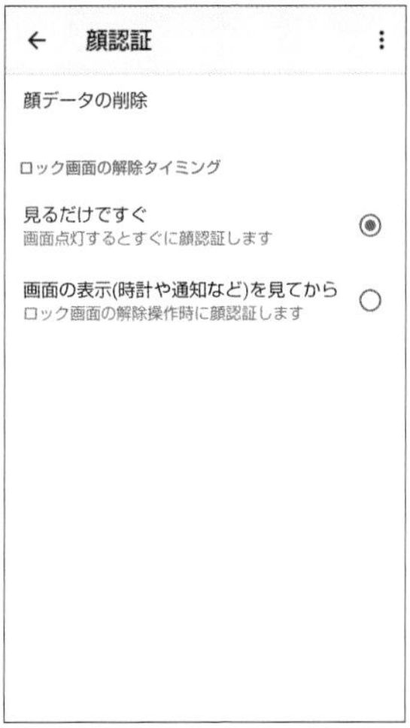

③ ここでは<画面の表示（時計や通知など）を見てから>をタッチします。

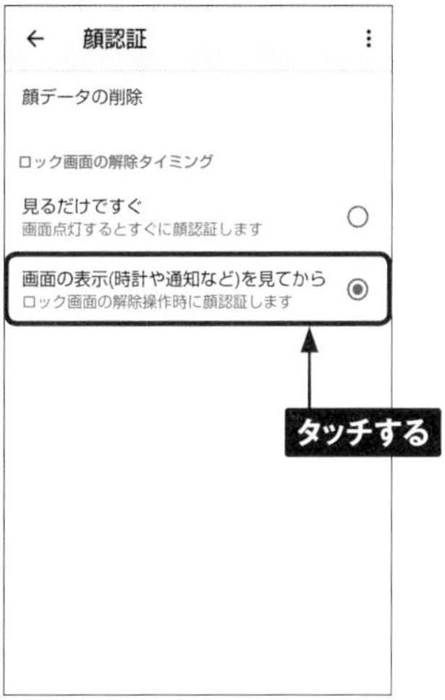

MEMO 顔データの削除

顔データは1つしか登録できないので、顔データを更新したい場合は、前のデータを先に削除する必要があります。手順②の画面で<顔データの削除>→<はい>の順にタッチすることで、顔データが削除されます。

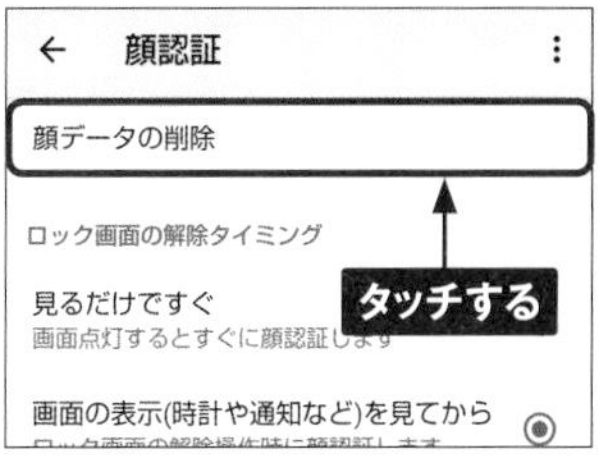

スクリーンショットを撮る

「Clip Now」を利用すると、画面をスクリーンショットで撮影（キャプチャ）して、そのまま画像として保存できます。画面の縁をなぞるだけでよいので、手軽にスクリーンショットが撮れます。

Clip Nowをオンにする

① ホーム画面を左方向に2回フリックし、＜AQUOS便…＞をタッチします。

② 「AQUOS便利機能」画面で＜Clip Now＞をタッチします。

③ ＜Clip Now＞をタッチしてオンにします。許可に関する画面が表示されたら、＜次へ＞や＜許可＞をタッチします。

MEMO キーを押してスクリーンショットを撮る

音量キーの下側と電源キーを同時に1秒以上長押しして、画面のスクリーンショットを撮ることもできます。スクリーンショットは、SH-41A内の「Pictures」－「Screenshots」フォルダに画像ファイルとして保存され、「フォト」アプリなどで見ることができます。

スクリーンショットを撮る

1 画面の上端を横方向もしくは左上から下方向にスライドすると、画面が画像として保存されます。

2 ステータスバーにスクリーンショットアイコンの🖼が表示されます。ステータスバーを下方向にドラッグします。

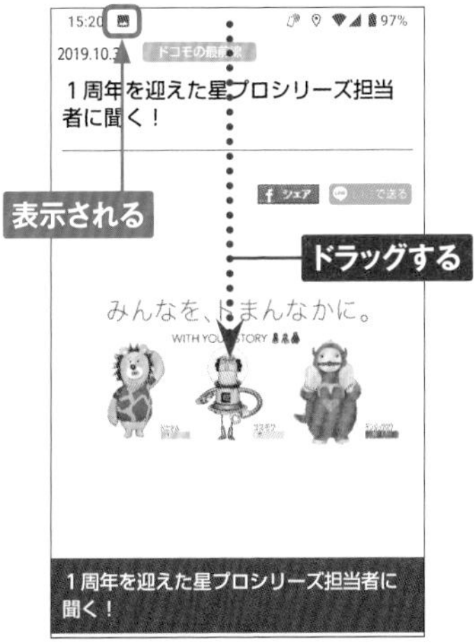

3 通知に画像が表示されているのでタッチします。

4 「フォト」アプリで画像が表示されます。その後も、通常の写真と同様にアプリで見ることができます。

スリープモードになるまでの時間を変更する

SH-41Aでは、スリープモード（P.10参照）に入るまでの時間を設定することができます。なお、初期設定では「30秒」でスリープモードになるように設定されています。

スリープモードになるまでの時間を変更する

① ホーム画面を左方向に2回フリックし、<設定>をタッチします。

② 設定メニューが開くので、<ディスプレイ>をタッチします。

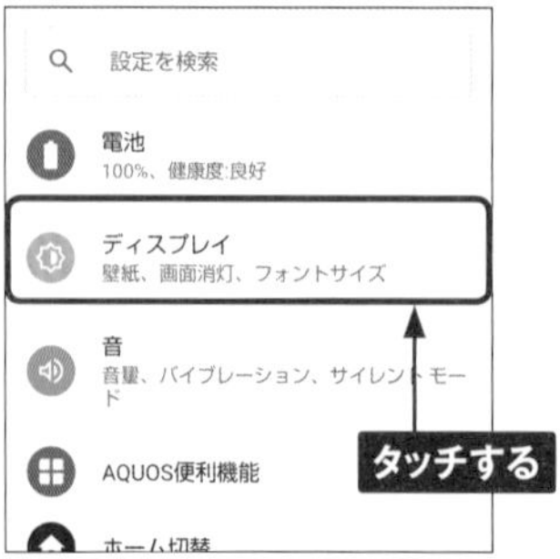

③ <画面消灯（スリープ）>をタッチします。

④ スリープモードになるまでの時間を選択してタッチします。

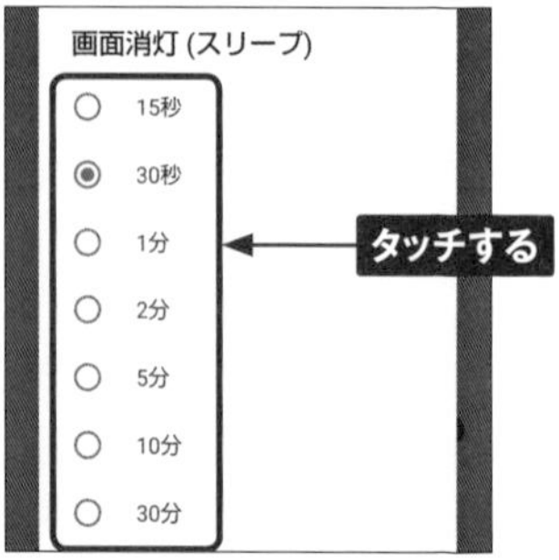

Section 62

画面の明るさを変更する

SH-41Aの画面の明るさは手動で調整できます。使用する場所の明るさに合わせて変更しておくと、目が疲れにくくなります。暗い場所や、直射日光が当たる場所などで利用してみましょう。

見やすい明るさに調節する

① ステータスバーを下方向に2回ドラッグして、ステータスパネルを表示します。

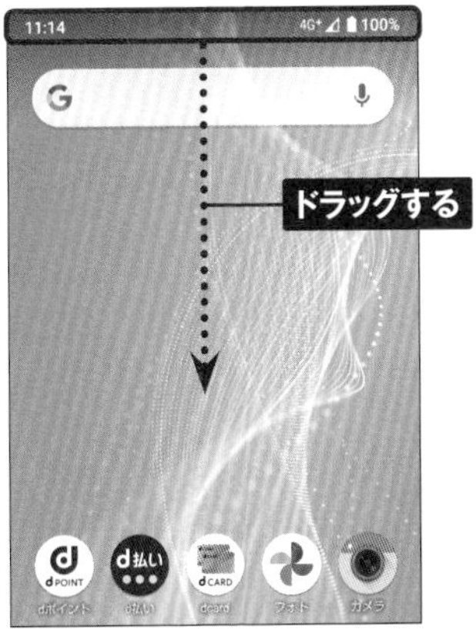

② を左右にドラッグして、画面の明るさを調節します。

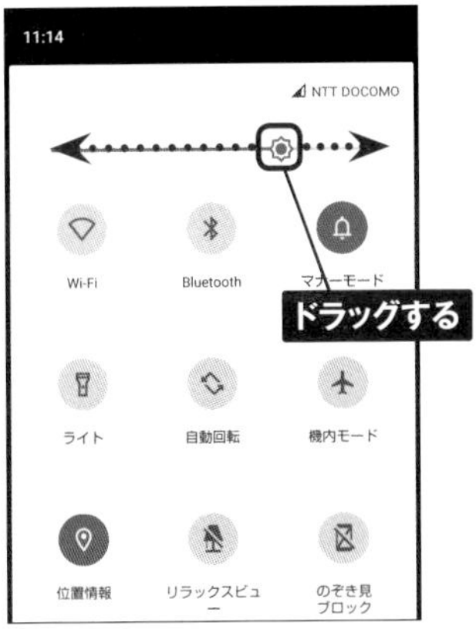

MEMO 明るさの自動調節のオン／オフ

P.168手順③の画面で<明るさの自動調節>をタッチして、<明るさの自動調節>をタッチすることで、画面の明るさの自動調節のオン／オフを切り替えることができます。オフにすると、周囲の明るさに関係なく、画面は一定の明るさになります。

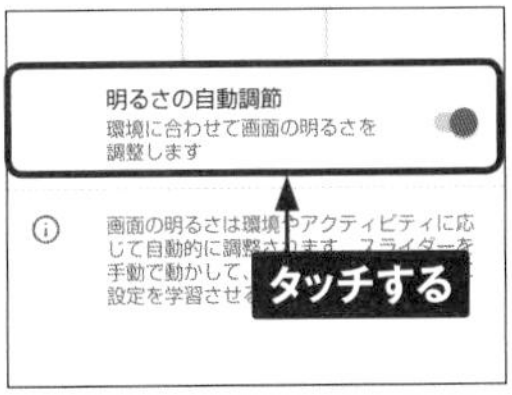

Section 63

リラックスビューを設定する

「リラックスビュー」を設定すると、画面が黄味がかった色合いになり、薄明りの中でも画面が見やすくなって、目が疲れにくくなります。暗い室内で使うと効果的でしょう。

リラックスビューを設定する

1 P.168手順③の画面で、<リラックスビュー>をタッチします。

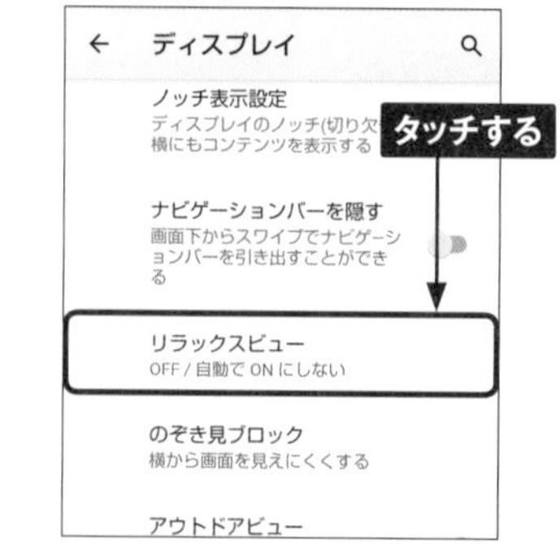

2 <今すぐONにする>をタッチすると、リラックスビューが設定されます。

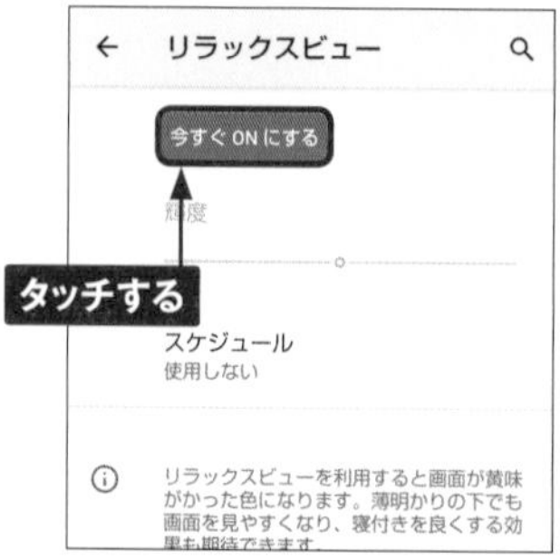

3 「輝度」の●を左右にドラッグすることで、色合いを調節できます。

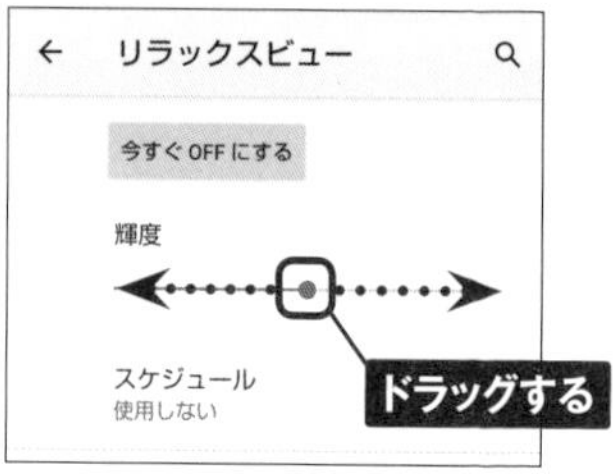

MEMO リラックスビューの自動設定

手順②の画面で<スケジュール>をタッチすると、リラックスビューに自動的に切り替わる時間を設定することができます。また、<指定した時間にON>をタッチして時間を設定することもできます。

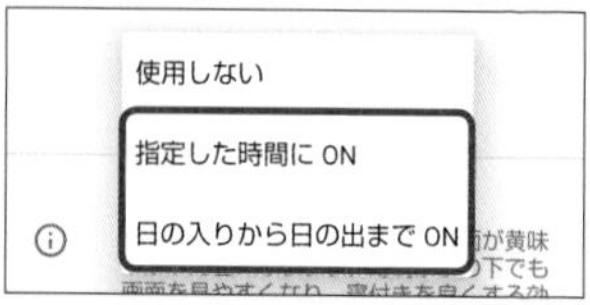

Section 64

電源キーで起動するアプリを変更する

電源キーを長押しすると、初期状態では「Google Pay」アプリ（P.116参照）が起動します。長押しで起動するアプリは変更できるので、よく使うアプリを割り当てておくとすぐに使うことができます。

電源キーを設定する

① ホーム画面を左方向に2回フリックし、<AQUOS便…>をタッチします。

② 「AQUOS便利機能」画面で<便利な操作設定>をタッチします。

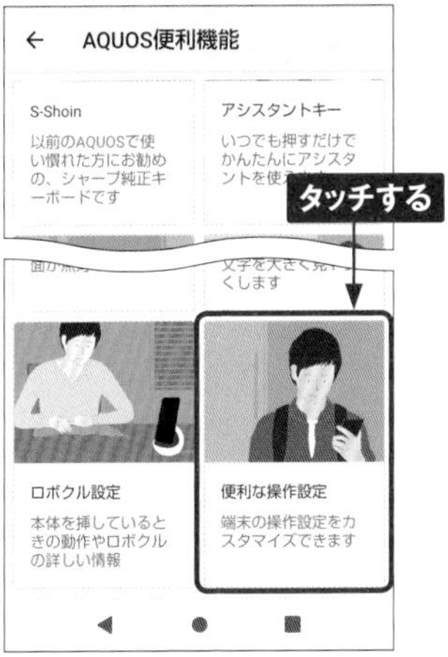

③ <長押しでアプリ起動>をタッチします。

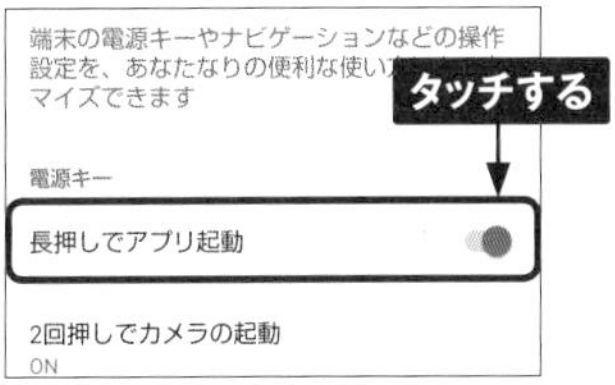

④ 電源キーの長押しで起動するアプリを選んでタッチします。

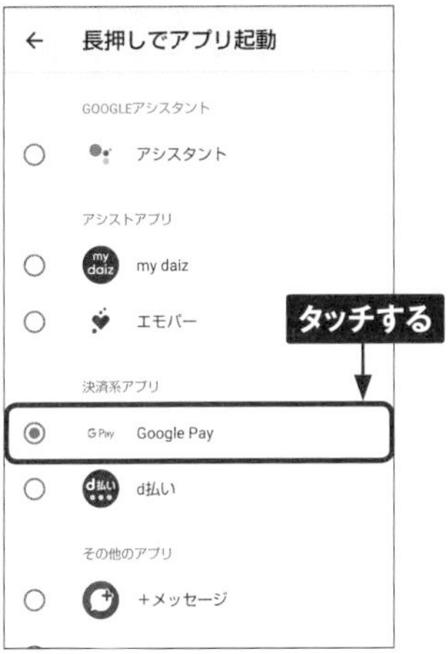

7

Section 65

アシスタントキーで起動するアプリを変更する

Googleアシスタントが起動するアシスタントキーは、ほかのアシスタントアプリが起動するように変更することができます。変更できるのは、ドコモの「my daiz」と、シャープの「エモパー」です。

アシスタントキーを設定する

① ホーム画面を左方向に2回フリックし、<AQUOS便…>をタッチします。

② 「AQUOS便利機能」画面で<アシスタントキー>をタッチします。

③ <アシスタントアプリ>をタッチします。

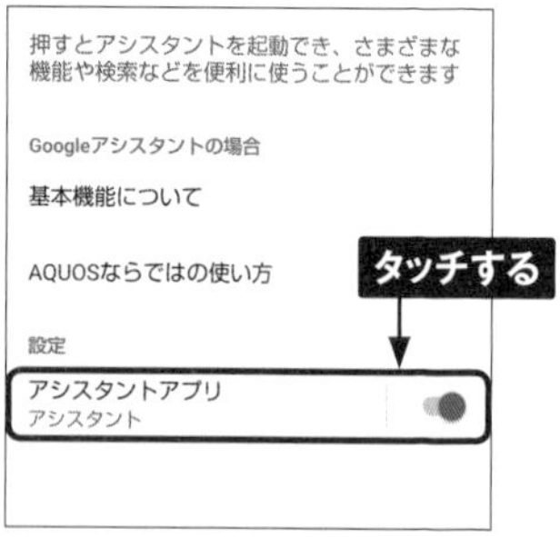

④ アシスタントキーで起動するアプリを選んでタッチします。

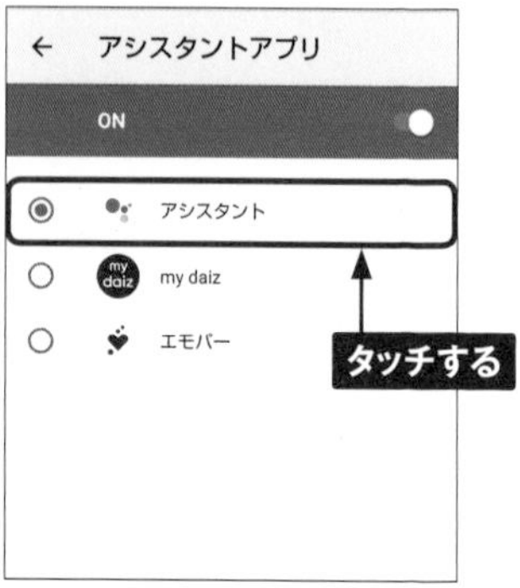

Section 66

アプリのアクセス許可を変更する

アプリの初回起動時にアクセスを許可していない場合、アプリが正常に動作しないことがあります（P.20MEMO参照）。ここでは、アプリのアクセス許可を変更する方法を紹介します。

アプリのアクセスを許可する

1 設定メニューを開いて、＜アプリと通知＞→＜○個のアプリをすべて表示＞の順にタッチします。

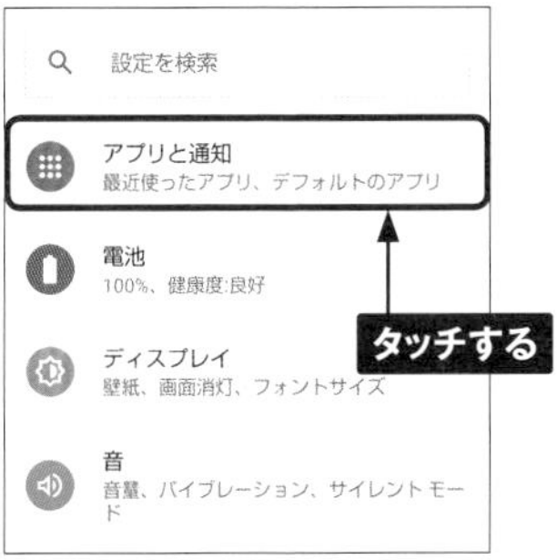

2 「アプリ情報」画面が表示されたら、アクセス許可を変更したいアプリ（ここでは＜カレンダー＞）をタッチします。

3 選択したアプリの「アプリ情報」画面が表示されたら＜権限＞をタッチします。

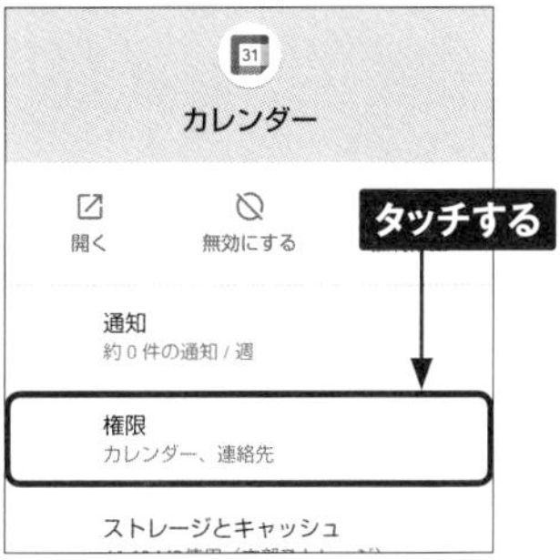

4 「アプリの権限」画面が表示されたら、アクセスを許可する項目をタッチしてオンに切り替えます。

Section 67

エモパーを活用する

SH-41Aには、天気やイベントの情報などを話したり、画面に表示したりして伝えてくれる「エモパー」機能が搭載されています。エモパーを使って音声でメモをとることもできます。

エモパーの初期設定をする

① ホーム画面を左方向に2回フリックし、<エモパー>をタッチして起動します。画面を左方向に4回フリックし、<エモパーを設定する>をタッチします。

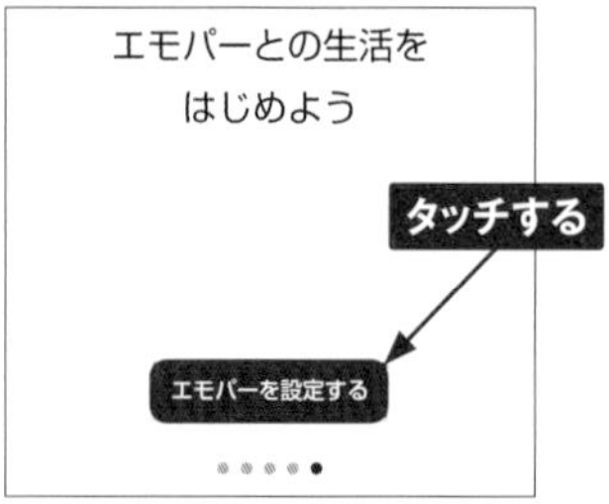

② ひらがなで名前を入力し、<次へ>をタッチします。

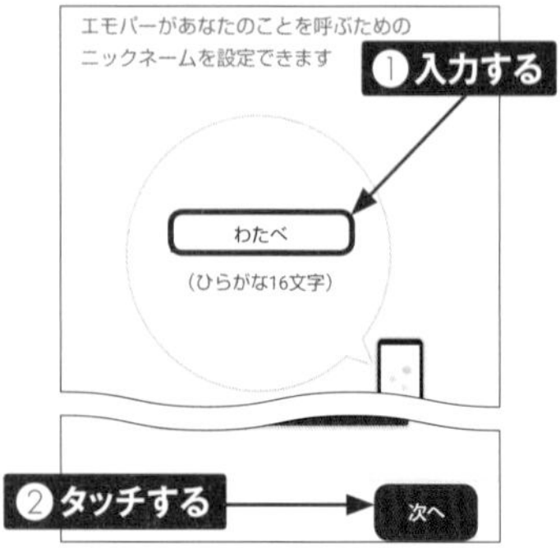

③ あなたのプロフィールを設定し、<次へ>をタッチします。

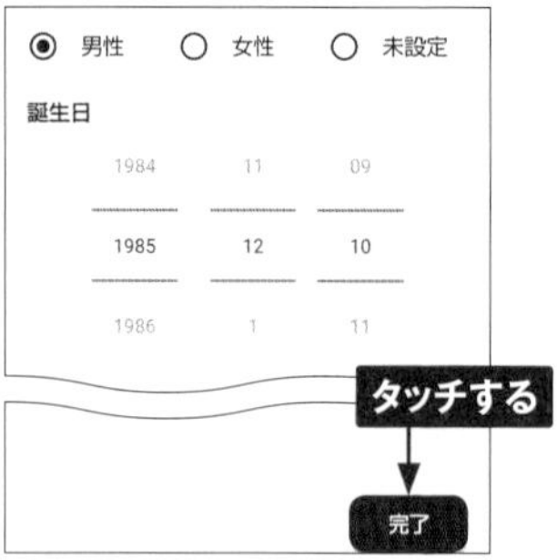

④ 興味のある話題をタッチしてチェックを付けます。<次へ>をタッチします。許可に関する画面が表示されたら<許可>をタッチします。

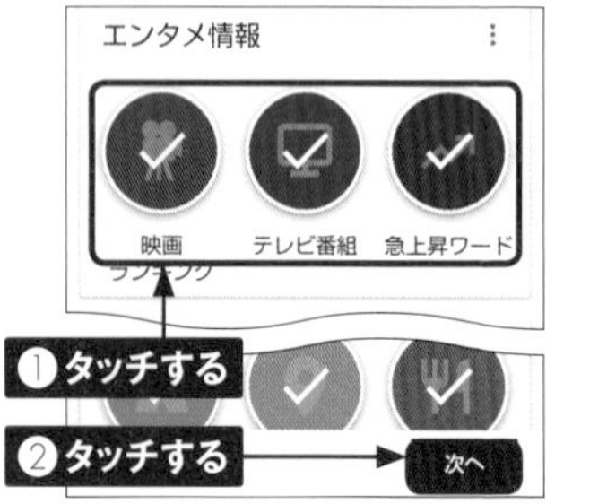

7

5 自宅を設定します。住所や郵便番号を入力して🔍をタッチします。

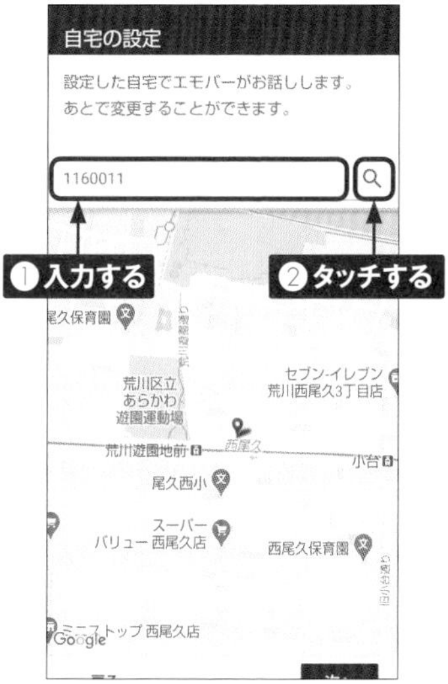

6 自宅の位置をタッチし、<次へ>をタッチします。以降は画面の指示に従って設定を進めます。

7 <同意する>→<完了>をタッチします。COCORO MEMBERSに関する画面が表示されたら<いますぐ使う（スキップ）>をタッチします。あとは、画面の指示に従い、許可設定を行います。

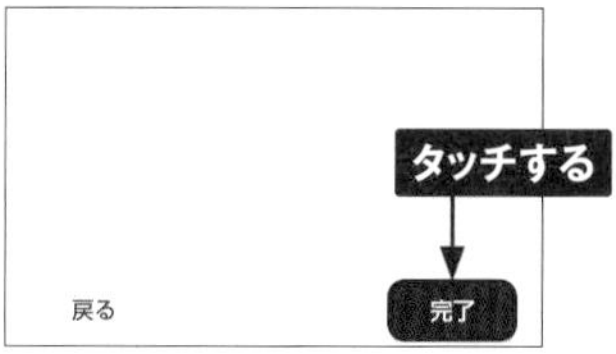

8 ロック画面に天気やニュースが表示されるようになります。

MEMO

エモパーのしゃべるタイミング

エモパーは、「自宅で、ロック画面中や画面消灯中に端末を水平に置いたとき」「ロック画面で2秒以上振ったとき」「充電を開始／終了したとき」などにしゃべります。基本的にはエモパーがしゃべる場所は自宅のみです。なお、エモパーの話を止めたいときは、話している最中に端末を裏返すか、近接センサー／明るさセンサー（P.8参照）に手を近づけます。

エモパーを利用する

① ロック画面の天気やイベントをロングタッチします。

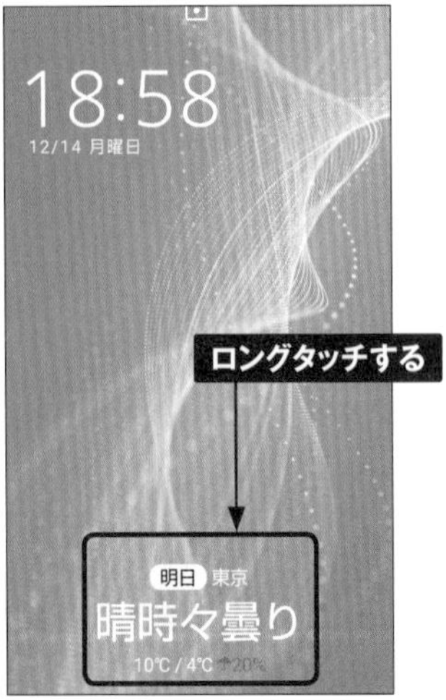

② 情報がプレビュー表示されます。手順①で天気やイベントを2回タッチすると詳細な情報を見ることができます。

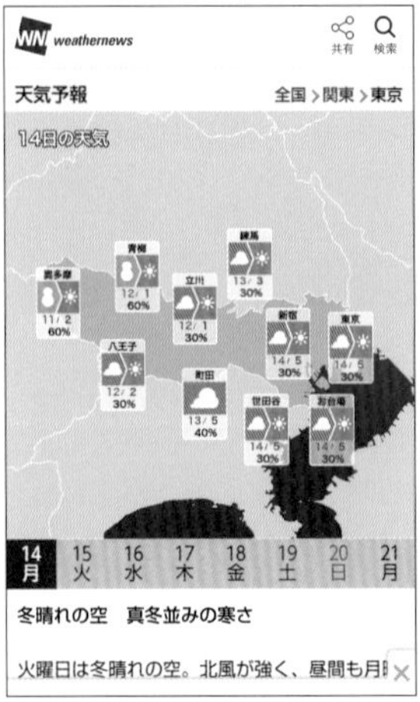

③ 自宅でロック画面を右方向にフリックすると、［エモパー］画面が表示されます。

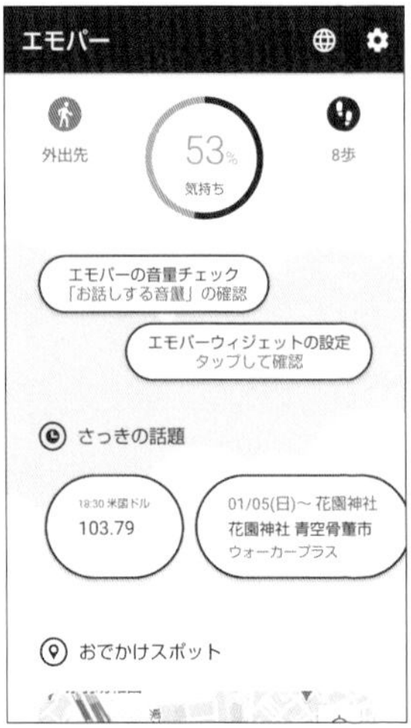

④ 画面を上方向にフリックし、バブルをタッチすると詳しい情報を見ることができます。

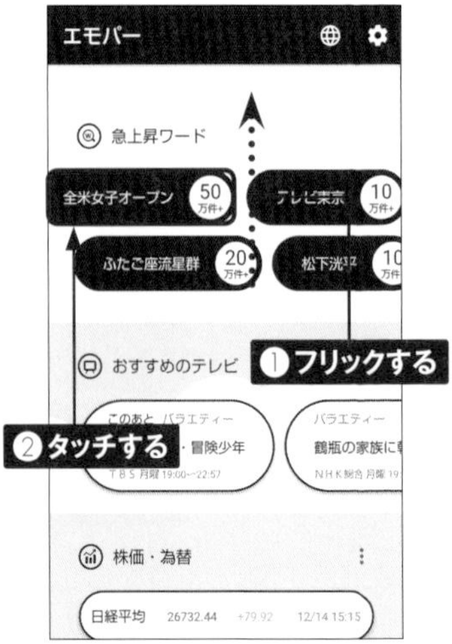

7

Section 68

画面のダークテーマをオフにする

ダークテーマが適用されていると、黒が基調の暗い画面になります。目にやさしい上、消費電力も抑えられます。設定メニューなどが暗く表示されるのが嫌な場合は、ダークテーマをオフにしましょう。

ダークテーマの設定を変更する

1 ホーム画面でを左に2回フリックして、<設定>をタッチします。

2 設定メニューが開くので<ディスプレイ>をタッチします。

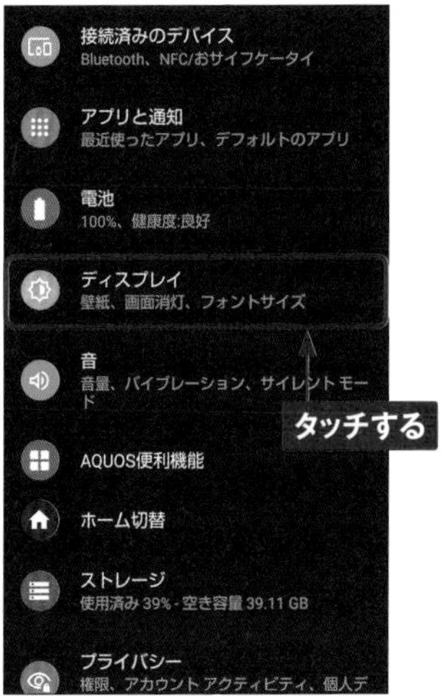

3 <ダークテーマ>をタッチしてオフにします。

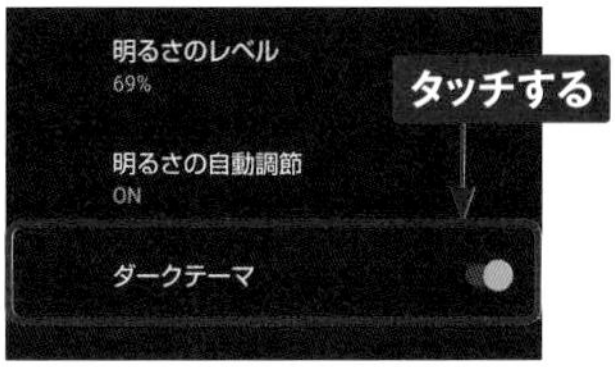

4 ダークテーマがオフになって、設定メニュー、クイック検索ボックス、フォルダの背景、対応したアプリなどが白い色で表示されるようになります。

Section 69

おサイフケータイを設定する

SH-41Aはおサイフケータイ機能を搭載しています。電子マネーの楽天Edy、WAON、QUICPayや、モバイルSuica、各種ポイントサービス、クーポンサービスに対応しています。

おサイフケータイの初期設定を行う

① アプリ一覧画面を開いて、<おサイフケータイ>をタッチします。

② 初回起動時はアプリの案内が表示されるので、<次へ>をタッチします。続けて、利用規約が表示されるので、「同意する」にチェックを付け、<次へ>をタッチします。

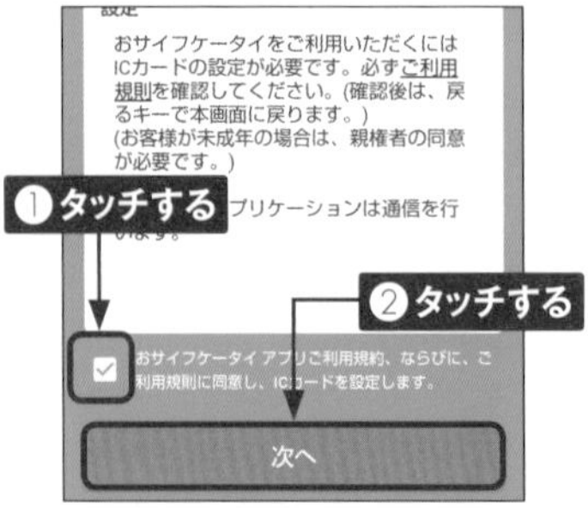

③ Googleアカウントの連携についての画面で<次へ>→<ログインはあとで>をタッチします。

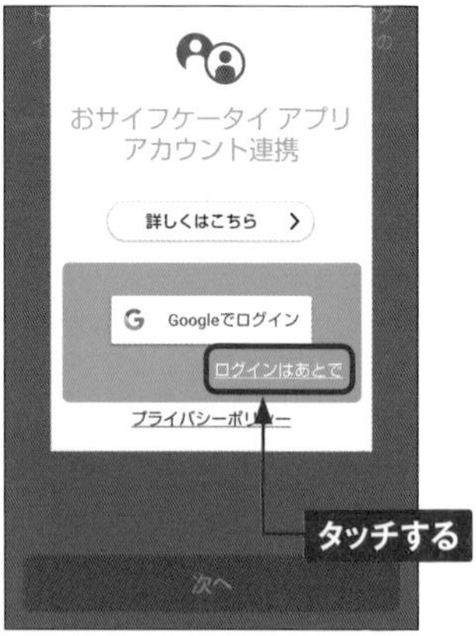

④ ICカードの残高読み取り機能についての画面、キャンペーンの配信についての画面でも<次へ>をタッチします。

5 サービスの一覧が表示されます。ここでは、<楽天Edy>をタッチします。

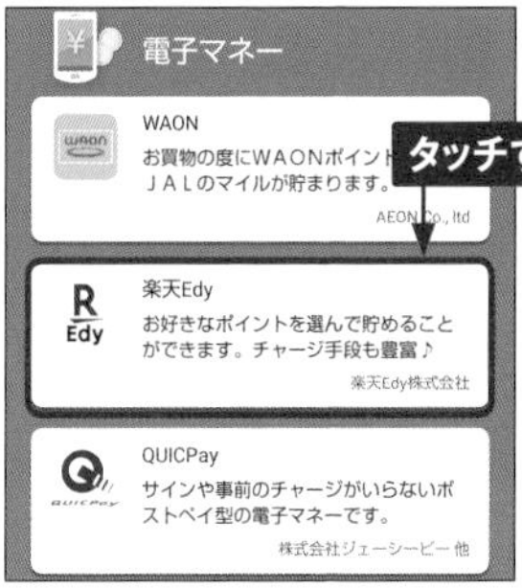

6 詳細が表示されるので、<サイトへ接続>をタッチします。

7 [Playストア] アプリの画面が表示されます。<インストール>をタッチします。

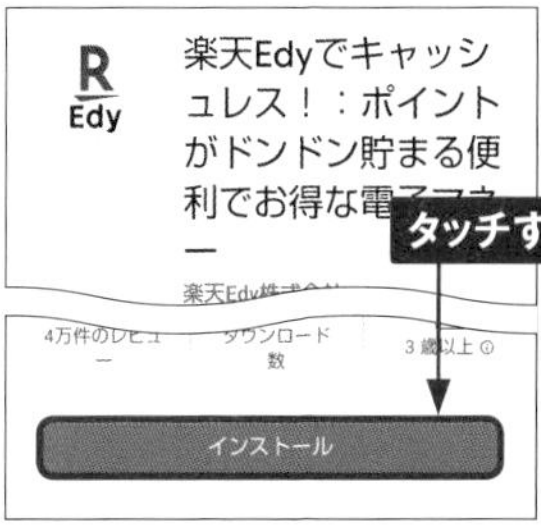

8 インストールが完了したら、<開く>をタッチします。

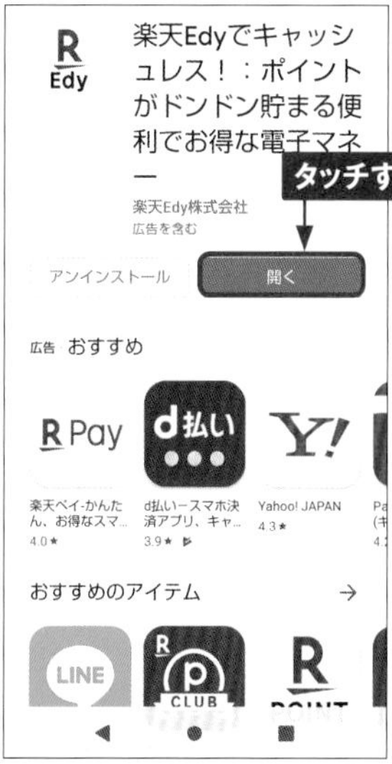

9 [楽天Edy] アプリの初期設定画面が表示されます。画面の指示に従って初期設定を行います。

7

Section 70

バッテリーや通信量の消費を抑える

「長エネスイッチ」や「データセーバー」をオンにすると、バッテリーや通信量の消費を抑えることができます。状況に応じて活用し、いざというときにSH-41Aが使えないということがないようにしましょう。

長エネスイッチをオンにする

1 設定メニューを開いて、<電池>をタッチします。

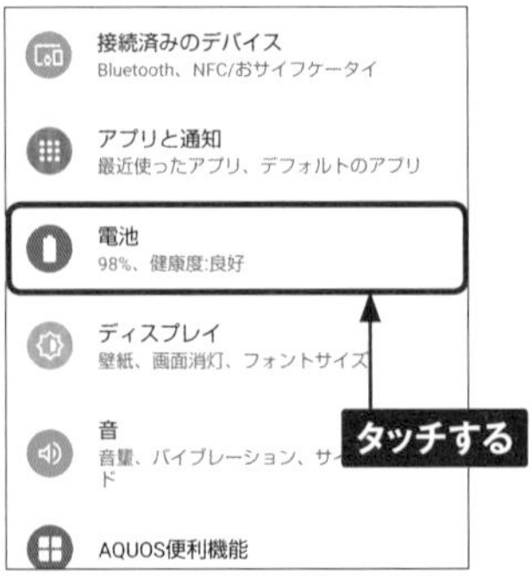

2 <長エネスイッチ>をタッチします。

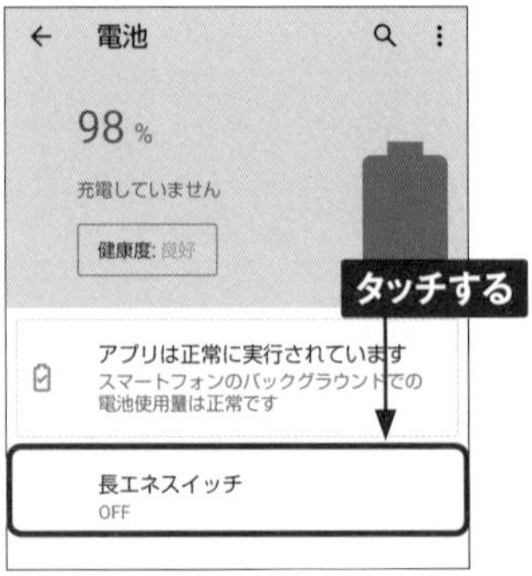

3 <今すぐONにする>をタッチしてオンにします。

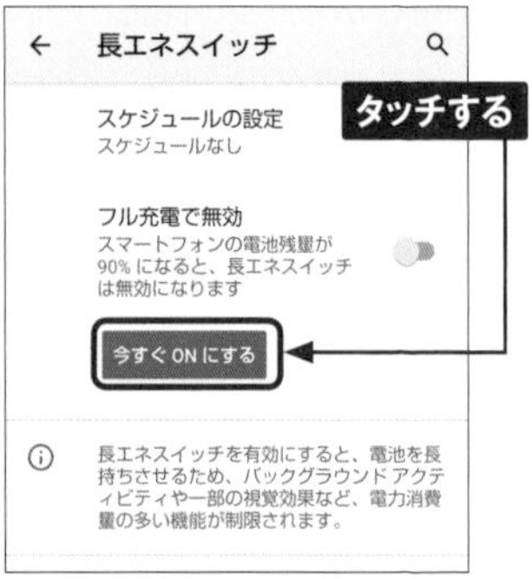

4 必要に応じて、制限したくない項目をタッチしてオフにします。

データセーバーをオンにする

① 設定メニューを開いて、<ネットワークとインターネット>をタッチします。

② <データセーバー>をタッチします。

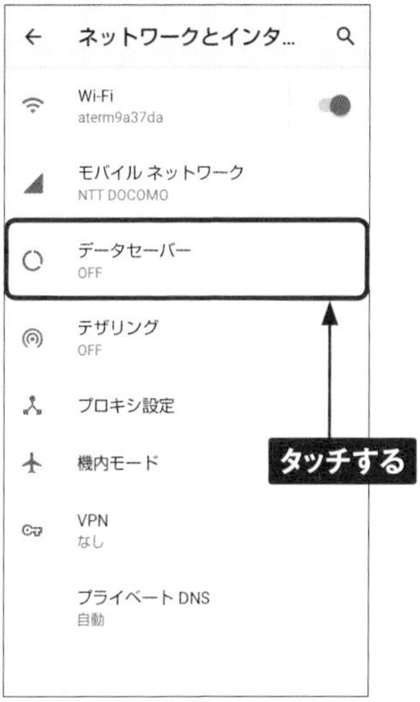

③ <データセーバーを使用>をタッチしてオンにします。<無制限のデータアクセス>をタッチします。

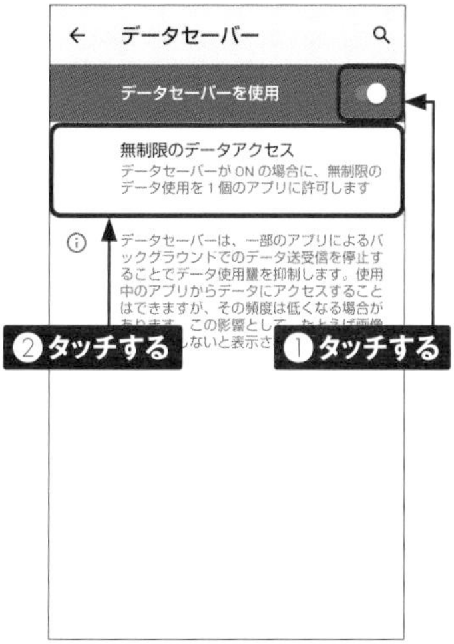

④ バックグラウンドでの通信を停止するアプリが表示されます。常に通信を許可するアプリがある場合は、アプリの をタッチしてオンにします。

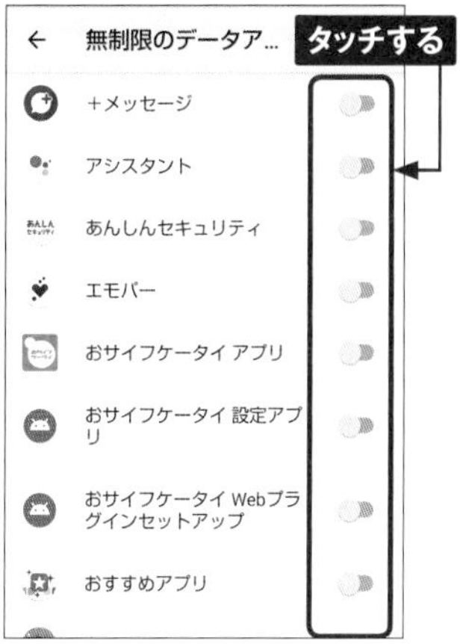

Section 71

Wi-Fiを設定する

自宅のアクセスポイントや公衆無線LANなどのWi-Fiネットワークがあれば、4G（LTE）回線を使わなくてもインターネットに接続できます。Wi-Fiを利用することで、より快適にインターネットが楽しめます。

Wi-Fiに接続する

① 設定メニューを開いて、＜ネットワークとインターネット＞をタッチします。

② 「Wi-Fi」が の場合は、タッチして にします。＜Wi-Fi＞をタッチします。

③ 接続先のWi-Fiネットワークをタッチします。

④ パスワードを入力し、＜接続＞をタッチすると、Wi-Fiネットワークに接続できます。

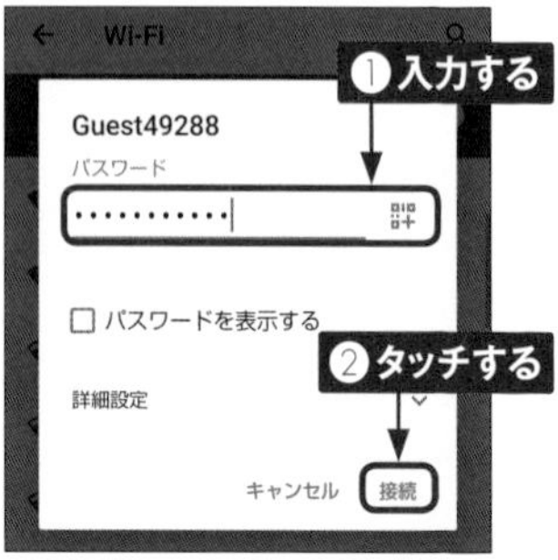

Wi-Fiネットワークを追加する

1 Wi-Fiネットワークに手動で接続する場合は、P.182手順③の画面を上方向にスライドし、画面下部にある<ネットワークを追加>をタッチします。

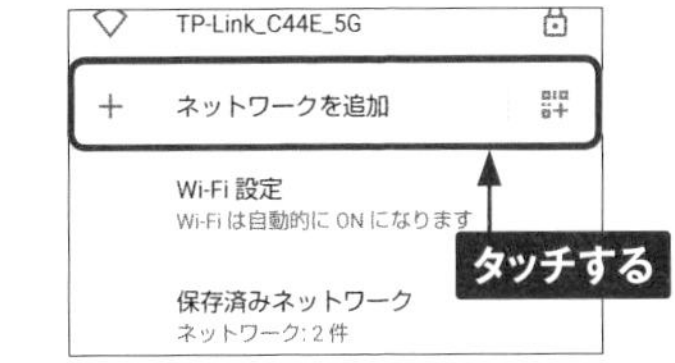

2 「ネットワーク名」のSSIDを入力し、「セキュリティ」の項目をタッチします。

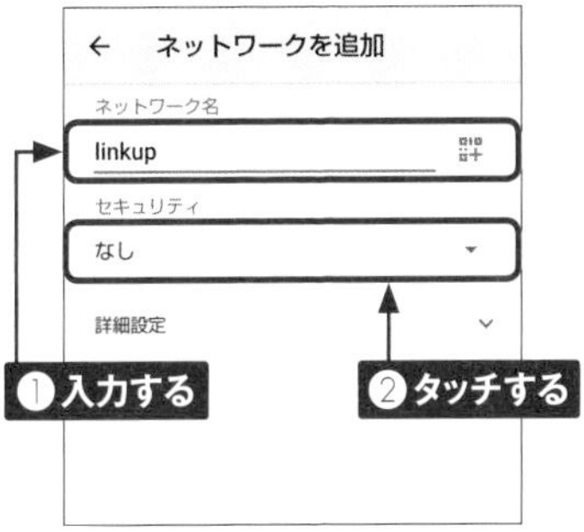

3 適切なセキュリティの種類をタッチして選択します。

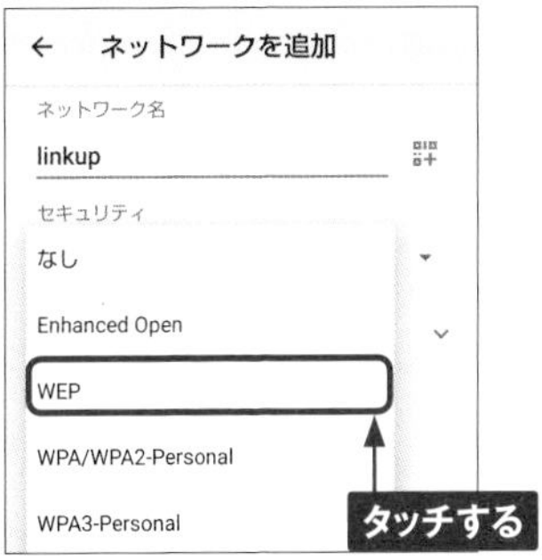

4 「パスワード」を入力して<保存>をタッチすると、Wi-Fiネットワークに接続できます。

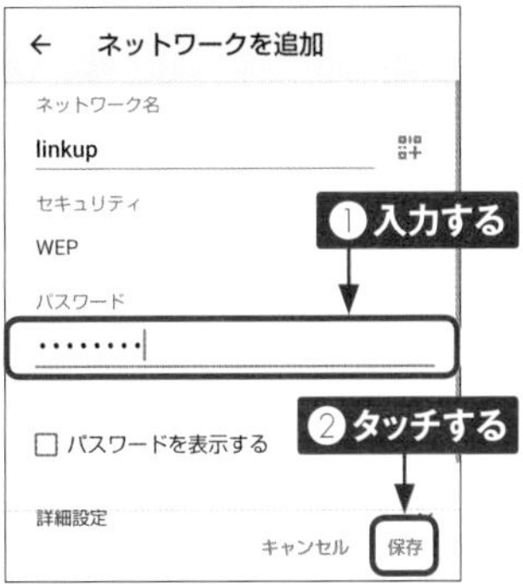

MEMO **d Wi-Fi**

dポイントクラブ会員なら、ドコモが提供している公衆Wi-Fiサービス「d Wi-Fi」を利用することができます。事前に設定しておくと、自動的に接続されます。P.40手順⑲の画面で、<その他の機能>→<d Wi-Fiのお申込み>の順にタッチしてd Wi-Fiを申し込みます。P.40手順⑲の画面に<d Wi-Fi>ボタンが表示されるので、<設定する>をタッチしてオンにします。

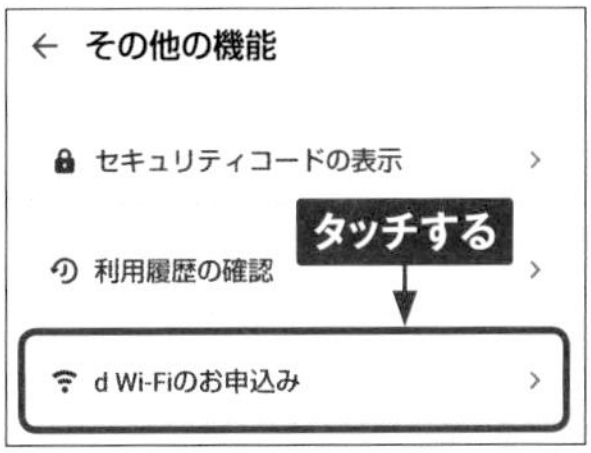

Section 72

Wi-Fiテザリングを利用する

「Wi-Fiテザリング」は、モバイルWi-Fiルーターとも呼ばれる機能です。SH-41Aを経由して、同時に最大10台までのパソコンやゲーム機などをインターネットにつなげることができます。

Wi-Fiテザリングを設定する

① 設定メニューを開いて、<ネットワークとインターネット>をタッチします。

② <テザリング>をタッチします。

③ <Wi-Fiテザリング>をタッチします。

④ 任意のネットワーク名とパスワードを入力します。

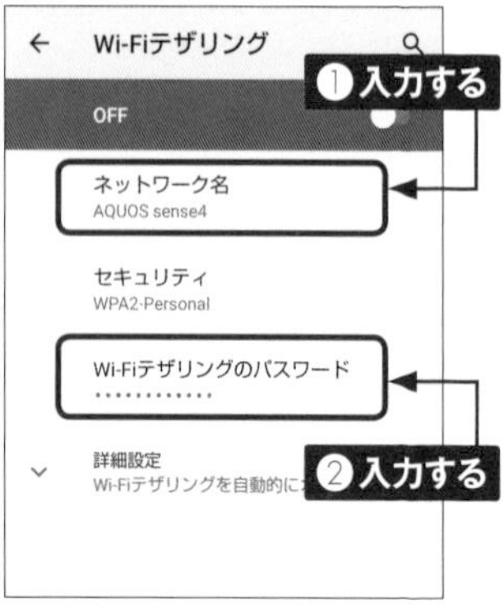

⑤ <OFF>をタッチしてオンにします。

⑥ ステータスバーに、Wi-Fiテザリング中を示すアイコンが表示されます。

⑦ Wi-Fiテザリング中は、ほかの機器からSH-41AのSSIDが見えます。SSIDをタッチして、P.184手順④で設定したパスワードを入力して接続すると、SH-41A経由でインターネットにつなげることができます。

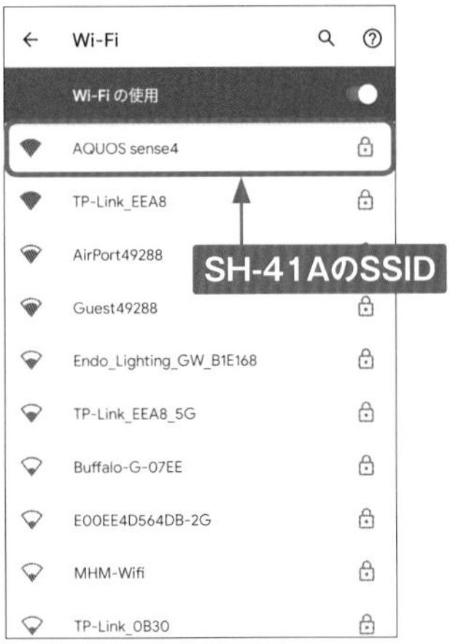

MEMO

Wi-Fiテザリングをオフにするには

Wi-Fiテザリングを利用中、ステータスバーを2本指で下方向にドラッグし、左方向にフリックして<アクセスポイント>をタッチすると、Wi-Fiテザリングがオフになります。

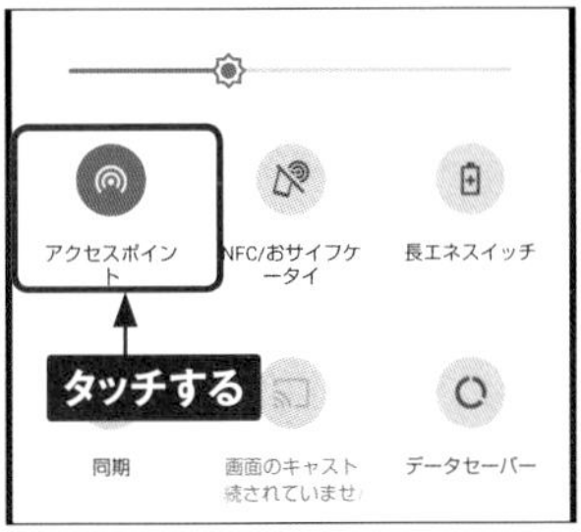

7

Section 73

Bluetooth機器を利用する

SH-41AはBluetoothとNFCに対応しています。ヘッドセットやスピーカーなどのBluetoothやNFCに対応している機器と接続すると、SH-41Aを便利に活用できます。

Bluetooth機器とペアリングする

1 あらかじめ接続したいBluetooth機器をペアリングモードにしておきます。ホーム画面を左方向に2回フリックし、<設定>をタッチします。

2 <接続済みのデバイス>をタッチします。

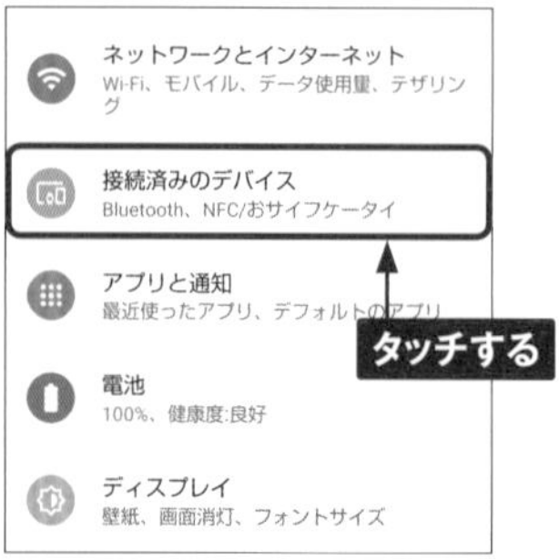

3 <新しいデバイスとペア設定する>をタッチします。

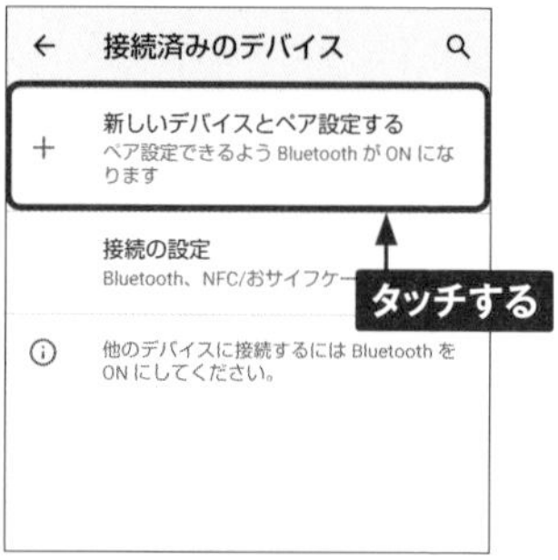

4 ペアリングする機器をタッチします。

5 必要に応じてBluetooth機器のペアリングコードを入力します。

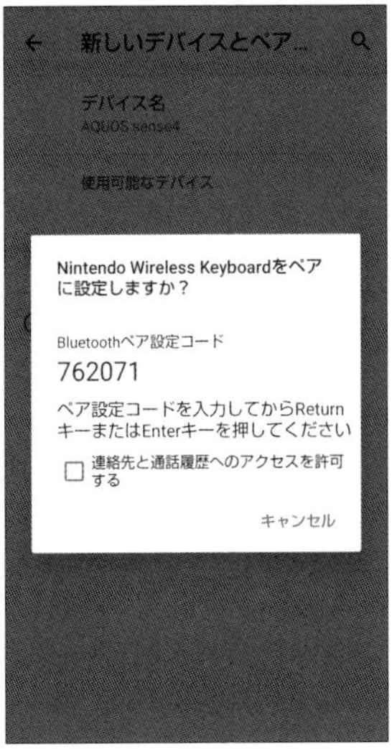

6 機器との接続が完了します。機器名をタッチします。

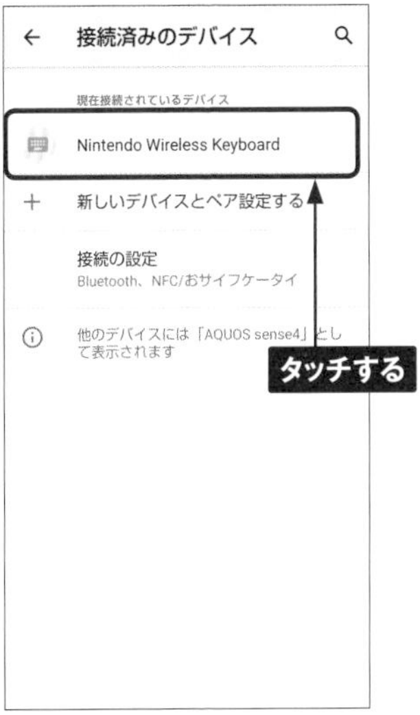

7 利用可能な機能を確認できます。なお、<接続を解除>をタッチすると、接続を解除できます。

MEMO NFC対応のBluetooth機器を利用する

SH-41Aに搭載されているNFC（近距離無線通信）機能を利用すれば、かんたんにNFCに対応したBluetooth機器とペアリングできます。NFC機能をオンにして（標準でオン）SH-41Aの背面にあるNFC/FeliCaを近づけると、ペアリングの確認画面が表示されるので、<はい>などをタッチすれば完了です。SH-41Aを対応機器に近づけるだけで、接続／切断とBluetooth機能のオン／オフが自動で行なわれます。なお、NFC機能を使ってペアリングする場合は、Bluetooth機能をオンにする必要はありません。

Section 74

SH-41Aを アップデートする

SH-41Aは、本体のソフトウェアを更新することができます。システムアップデートを行う際は、事前にSec.53を参考にデータのバックアップを行っておきましょう。

システムアップデートを確認する

① 設定メニューを開いて、<システム>をタッチします。

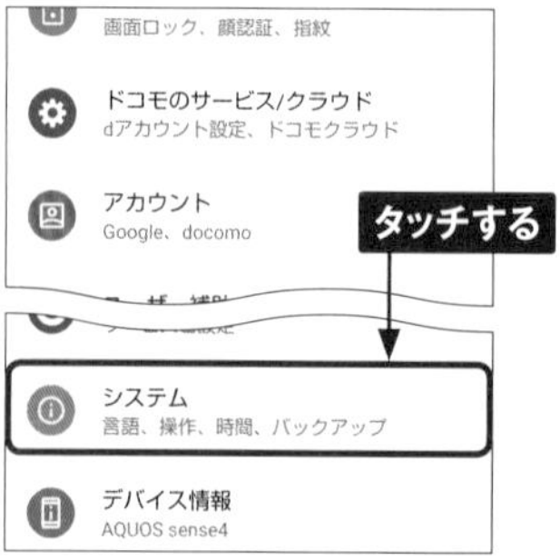

② <詳細設定>をタッチします。

③ <システムアップデート>をタッチします。

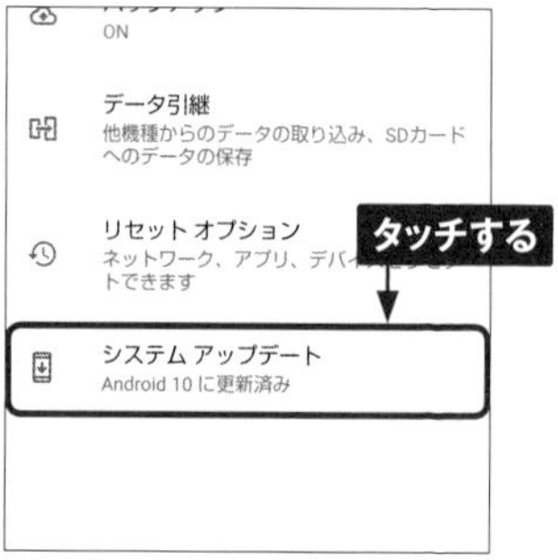

④ アップデートがある場合、画面の指示に従い、アップデートを開始します。

SH-41Aを初期化する

SH-41Aの動作が不安定なときは、SH-41Aを初期化すると改善する場合があります。なお、重要なデータはSec.53を参考に事前にバックアップを行っておきましょう。

SH-41Aを初期化する

1. 設定メニューを開いて、＜システム＞→＜詳細設定＞→＜リセットオプション＞の順にタッチします。

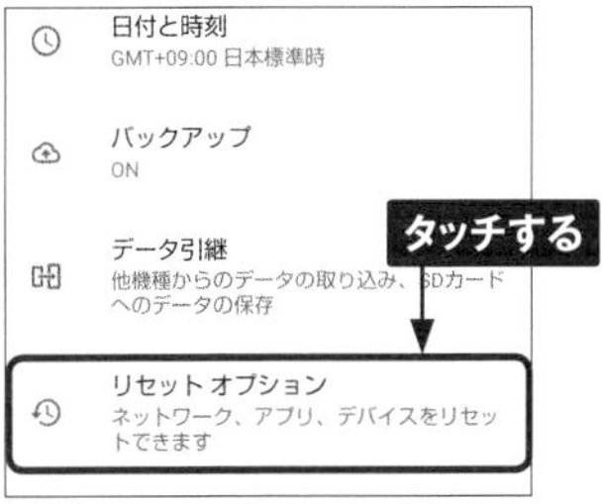

2. ＜すべてのデータを消去（出荷時リセット）＞をタッチします。

3. メッセージを確認して、＜すべてのデータを消去＞をタッチします。

4. ＜すべてのデータを消去＞をタッチすると、SH-41Aが初期化されます。

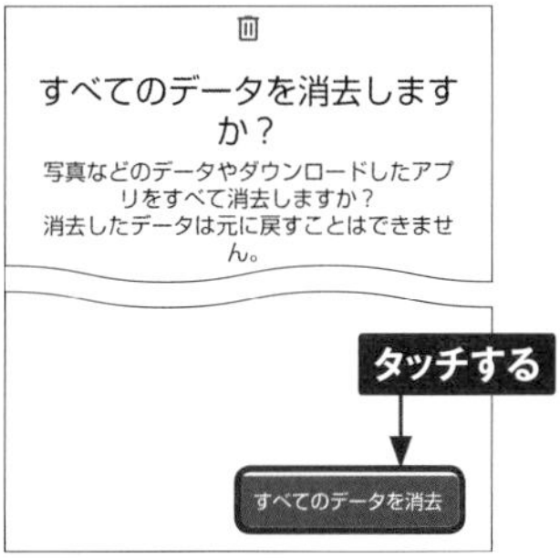

索引